学会记忆

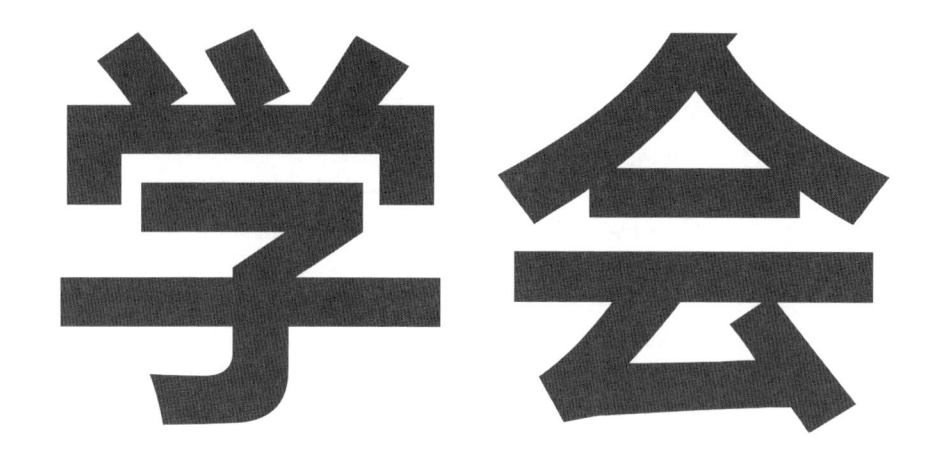

其实你离学霸就差那么一点点

李豪 著

中国纺织出版社有限公司

内 容 提 要

如果没有品尝过"三更灯火五更鸡"的艰辛，大概难以感受到记忆对于学习的重要性。对于学习困难的学生，不管默念多少次"勤能补拙"，也无法抵消挑灯夜读的疲惫。

记忆真的那么难吗？死记硬背的话，是的；使用记忆方法的话，绝对不是！许多人学习辛苦，是因为用错了方法。学会正确、高效的记忆方法，记忆就会变得很轻松，学习就会变成快乐的源泉。这本书为学生而写，也为在学生时期壮志未酬的每一个人，献上一份迟到的礼物，帮助你在学习、工作中再也不为记忆而发愁。

图书在版编目（CIP）数据

学会记忆：其实你离学霸就差那么一点点 / 李豪著. --北京：中国纺织出版社有限公司，2022.5
ISBN 978-7-5180-9415-8

Ⅰ. ①学… Ⅱ. ①李… Ⅲ. ①记忆术—青少年读物 Ⅳ. ①B842.3-49

中国版本图书馆CIP数据核字（2022）第043443号

责任编辑：郝珊珊　　责任校对：高　涵　　责任印制：储志伟

中国纺织出版社有限公司出版发行
地址：北京市朝阳区百子湾东里A407号楼　邮政编码：100124
销售电话：010—67004422　传真：010—87155801
http://www.c-textilep.com
中国纺织出版社天猫旗舰店
官方微博 http://weibo.com/2119887771
北京华联印刷有限公司印刷　各地新华书店经销
2022年5月第1版第1次印刷
开本：710×1000　1/16　印张：13
字数：196千字　定价：49.80元

凡购本书，如有缺页、倒页、脱页，由本社图书营销中心调换

重磅推荐

记忆对人的一生至关重要，好的记忆方法可以使学习事半功倍。本书可谓记忆的实用大全，简单、生动的记忆方法，读懂它，将有助于你在学习的路上稳步前进。

——润米咨询公司创始人 刘润

李豪老师通过刻意练习记忆法，成为国际记忆大师，他在本书中将记忆法用通俗的语言进行讲解，帮助中小学生轻松记忆、高效学习！祝你通过阅读并且训练，成为学霸和记忆高手！

——世界记忆总冠军教练/《最强大脑》脑王教练 袁文魁

李豪是个为梦想燃烧不息的人，在成为"世界记忆大师"之前遇到不少坎坷。很多人遇到坎坷会退缩，但李豪不一样，他能坚持、能总结、有强大的执行力，因此他如愿实现了梦想。但在实现了记忆大师梦想后，他还在一路狂奔，不断学习和成长。现在他出书了，这本书是他思想总结的精髓。本书内容丰富多彩、浅显易懂、实操实用，值得大家一读。

——中国记忆总冠军/世界记忆冠军教练 郑爱强

学会记忆
其实你离学霸就差那么一点点

在信息化飞速发展的今天，我非常高兴能够看到这本关于如何学会记忆的书。李豪不仅是世界记忆大师、身经百战的世界记忆锦标赛优秀选手，也是一名优秀的记忆法实战导师。此书结合了李豪多年来专业的记忆法教学经验，行文通俗易懂，且总结了实际教学中的诸多案例，读之仿若置身课堂之中，可读性与实用性非常强。

——世界记忆锦标赛全球总裁判长 / 央视《挑战不可能》特邀嘉宾 何磊

李豪是带学生学习的高手，在记忆方面有着自己独到的见解，同时他的文笔也非常好。相信跟着李豪，你一定既可以感受到他的文笔的细腻，又可以学到很多记忆小诀窍。这本书值得广大青少年入手！

——亚太学生记忆锦标赛中国区执行主席 曹斌

在这本书的带领下，读者可以重新认识记忆，系统学习记忆的秘诀，并运用在学习上，让记忆法真正实用起来，加上思维导图的学习，相信我们不仅可以克服记忆的难题，还能提高学习的效率，值得推荐！

——世界记忆冠军 /《最强大脑》名人堂选手 / 吉尼斯世界纪录创造者 苏泽河

很高兴，又一位记忆大师朋友出书了，这些年有很多记忆大师出书，内容大部分属于技术派，都是关于记忆方法在竞技中的体现，加上一些生活和学习中的简单应用（当然其中也不乏佳作）。李豪老师在记忆法应用方面经验颇丰，对于学生党来说，这是一本难得的好书，强烈推荐！

——两届中国记忆总冠军 / 吉尼斯世界纪录创造者 石彬彬

我们都知道好记忆的重要性，但是你知道记忆力是可以通过后天训练的吗？你知道如何科学地提升记忆力吗？事实是，很多人都不知道。可见，学会记忆多么地重要。李豪老师作为一名世界记忆大师，拥有超强的记忆力和丰富的教学经验，他的这本新书一定可以帮助你记得快、记得牢，让你的学习变得很轻松。

——国际特级记忆大师 / 央视《挑战不可能》荣誉殿堂选手 张颖 /
世界记忆大师 陈仁鹏

重磅推荐

　　李豪老师非常努力和细心，并且一直在虚心学习，所以跟着李豪老师学习记忆，一定不要怕学不会。

——国际特级记忆大师 /《最强大脑》选手 黄胜华

　　记忆力是学习的基础，也是核心，通过科学的方法加系统的训练，每个人都能成为自己的英雄！

——《最强大脑》选手 刘健

　　李豪老师是一位非常认真与刻苦的老师。通过勤奋的训练，成为世界记忆大师，又有多年的一线教学经验，将整个记忆系统汇聚成本书的智慧，相信阅读之后，一定可以对你的学习有所提升！

——《最强大脑》选手 / 央视《挑战不可能》选手 谢超东

　　虽然这是一个利用搜索引擎可以瞬间获取海量知识的时代，但任何学习都离不开记忆的底层支撑。所以，如果你还在为死记硬背头疼，为记不住而焦虑，李豪老师的这本书，将会为你打开一个有关记忆力的新世界。

——《反本能2》作者 刘船洋

　　李豪老师是记忆方法实战派老师，拥有丰富的实战经验和有趣的教学方法。他擅长从内容出发并结合方法展开讲解，让读者在实战中体会记忆方法的妙趣。本书干货满满，帮助读者系统学习记忆方法，值得推荐。

——世界记忆大师 / 思维导图拼图品牌创始人 吴帝德

　　本书从真正的实用记忆角度讲述了如何提高记忆能力，更是对专注力、想象力、观察力、思维力的训练进行了详细的介绍。不管是学生还是成年人，只要对记忆知识有需求，精读本书都会有非常大的收获。李豪之所以能成为世界记忆大师，并不是因为他天赋异禀，而是采用了科学的记忆方法与思维方法，而这本书是他在实战记忆中总结的精华。

——大脑时代集团总负责人 任天杰

我记得是在2019年的时候，李豪老师作为特聘讲师来到我们学校执教，并带领很多优秀的孩子走向世界记忆大赛的舞台。当时的他是多么的专注、努力、认真、专业。书如其人，相信他写的这本书和他的人一样优秀……

——第28届世界记忆锦标赛太原城市赛执行主席 王美丽

本书从多方面来阐述，让学生充分认识到学会记忆并且应用记忆方法的重要性，如书中所言："学会逻辑思考，是获得高分的秘诀。"由此可见，学习记忆方法在我们学习生活中是不可或缺的。

——东方欲晓记忆力培训学校校长 许光

记忆是学习的核心，就像英国教育学家弗朗西斯·培根曾经说过：一切知识，只不过是记忆。如果你想拥有好的记忆，一定不要错过李豪老师写的这本书。通过本书的学习，你的记忆力一定会突飞猛进。

——第27届世界记忆锦标赛中国区组委会教练 /
世界记忆运动理事会国际一级裁判 刘仁才

虽然，记忆并不是学习的全部，但擅长记忆，对于学习无疑有非常大的帮助。尤其是在中小学阶段，学习主要是通过记忆的方式进行的，记忆力就显得更加重要。现在讲记忆方法的书不少，但专门为中小学生群体撰写的并不多。本书既系统地介绍了记忆方法的各种原理、方法，又能结合中小学生具体的学习场景讲解记忆术的应用，是一本非常值得一读的好书。

——资深律师 / 学习力研究者 / 《可复制的学习力》作者 章方秋

本书是李豪老师在技能、经验、心态等方面经过多年沉淀之后的匠心之作，能让读者轻松掌握记忆的密钥，感受自己大脑神奇的力量。学习、实践、传播，愿分享给身边更多的朋友轻松记忆、高效学习的窍门。

——山西首位世界记忆大师 杨坤

重磅推荐

记忆力对孩子的学习至关重要，这毋庸置疑！但记忆力是可以开发和训练的，这是很多人不太了解的事实！

世界记忆大师李豪，有着出色的记忆专业功底，并长期进行一线记忆力课程实践，对记忆力在学习学科中的应用，有着丰富的经验和独到见解，并取得了非常不错的教学口碑。

本书是李豪老师多年经验和方法的高度提炼，相信本书能够帮助孩子快速提升记忆力，提升学习成绩！

——成质素能教育创始人 李长东

推荐序 1

　　一切伟大的思想和行动，都有一个微不足道的开始；一切高超的技术与方法，都遵循着一些最基本的规律；一切的学习和记忆方法，也都有从学到会的过程。这本《学会记忆：其实你离学霸就差那么一点点》的编写初衷就是让广大读者能够轻松学会记忆。

　　作为世界记忆大师李豪的记忆法启蒙老师，我见证了他这些年的变化，无论是自身的记忆水平、学习能力还是在圈内的影响力等，都有翻天覆地的变化。李豪在刚开始学记忆法时，和很多人一样，记忆力和学习能力没有任何特别的地方。唯一给我留下比较深刻印象的就是他对记忆法的热爱和积极的精神。

　　2015年，我刚参加完世界记忆大赛，从会场出来，李豪向我打招呼，他说自己从很远的地方赶过来，就只是为了能感受世界记忆大赛的氛围和见见诸多记忆高手。那一刻，我从他身上感受到了真正的热爱，还从他腼腆的笑容与纯真的眼神中看到了一份远大的志向。后来，他也靠着自己的努力实现了自己的梦想之一——取得"世界记忆大师"称号。

　　我们之间保持着亦师亦友的关系，会经常互相交流，相互学习。我们都是记忆法的受益者，也是传播者、实践者。李豪在教学中深受学生喜爱，帮助了不计其数的学生提升记忆力和学习成绩，是学生心目中的偶像。

　　为什么李豪可以做到让自己和学生都有如此大的进步呢？是因为他拥有超强记忆力，勤奋刻苦，热爱，还是喜欢思考与学习？我想应该都有。在本书中，你将会找到更具体的答案。一个掌握了超级记忆方法的人，做事效率、学习效率都会得到提升，甚至能够改变命运轨迹。李豪就是一个活生生的例子，从他的变化中，我们可以得到启发；他在本书中分享的记忆方法，我们可以复制。

"工欲善其事，必先利其器"，记忆法就是一把学习的利器，可以帮助同学们记得快、记得准、记得牢。在本书中，大家可以掌握记忆法在各学科中的实战运用，例如语文中难记的课文、英语中的单词等。除记忆方法外，还有学习上的思维方法以及大家在学习上常常遇到的一些问题的解决方法。通过通俗易懂、深入浅出的方式，将记忆理论与实战运用相结合，让大家对记忆法能知其然，还能知其所以然。

从学到会之间，需要有练习和反馈，本书中也加入了很多记忆小练习以及李豪的经验分享和答疑，让大家离"会"更近一步。如果你翻开了此书，一定不要错过，因为已经有很多学生从中受益。

最后，也送给大家一句话："纸上得来终觉浅，绝知此事要躬行。"想要学会任何一项技能，学和练都同等重要。不是有了效果才坚持，而是坚持了才会有效果。从现在开始，训练起来吧，祝广大读者皆能早日成为记忆高手。

世界记忆大师 & 特级记忆大师 杨泽金

推荐序 2

翻开这本书,看到这些文字的那一刻,相信你已经开始和记忆法结缘了。

这是一个很奇妙的瞬间,就像几年前,我和李豪因为《最强大脑》这个节目和记忆法相识,从此在钻研记忆法的道路上一发不可收拾,最终在2017年双双取得"世界记忆大师"的称号。

而这一瞬间却属于你,或许是出于兴趣,或许是出于学习压力,又或许是有更高的追求,总之在《学会记忆:其实你离学霸就差那么一点点》这本书中,你会对记忆有一个全新的认识。

1991年,托尼·博赞先生创立了"世界记忆锦标赛",赛事中的项目难得出奇,以至于第一届只有寥寥数人参加。可恰恰是这种地狱级别的难度,吸引了很多脑力高手前来。随着赛事知名度的推广,每年的参赛人数可达到数万人。

无数前辈的钻研与付出,让赛事的记录不断被刷新,同时也诞生了多种新奇的记忆方法,这些方法通过后人不断地归纳与总结,成为今天的记忆法。

记忆是人与生俱来的本能,我们无时无刻不在记忆,记忆身边的人、身边的事。总有人窃喜自己的记忆好,却也有人苦恼记忆力差,羡慕那些拥有超强记忆的人群,幻想着自己吃下某种药物也拥有相同的能力。

有部美国电影叫《雨人》,里面主人公的哥哥从小患有自闭症,但他能清晰地记得一本厚厚的电话簿,只看一遍就能记住里面上万个电话号码。

更令人惊奇的是,这部电影是根据真实的事件改编的,而且类似的例子还有很多。

由此可见，人脑的记忆潜能是极大的。这种潜能如今可以通过科学的训练来挖掘。或许每个人的天赋不同，境况不同，训练出的效果也不尽相同，但有一点可以确定，就是通过这样的训练，你一定会超越过去的自己。

"学会记忆"，学是一种挑战，更是一个过程，会则是一种结果，而学会则是对读者的一种成长，更是对我们的一种认可。

李豪在我的印象里一直是一个执着、认真、心思细腻的人，每一件事都会做到极致。这本书他前前后后完善了近一年的时间，期间我们多次讨论，他也查阅了近百本书籍资料，拜访了很多业内大咖，可以说把所有的精华集于此书中。

接下来，你只需要阅读这本书的每一个字，期待你的记忆力也会得到质的提升。

世界记忆大师 & 银鹰高智商俱乐部成员 王泽旭

前言

"老师，我这次成绩提升特别大，有信心考进班级前五"

就在前几天，我打开微信，询问一学生家长："小涂最近学习成绩怎么样了？"小涂妈妈告诉我，"这次的考试成绩比上学期的提升了一些"。

我心想，只要有提升，那还算可以。

"他什么时候有时间啊？我想跟他聊一聊，看看他最近的状态怎么样？"

本来与小涂妈妈约好当天晚上打一通电话，可因为妈妈店里生意比较忙，晚上11点才回到家，孩子已经休息了，告知我第二天中午放学回家时可以聊一会儿。

第二天中午，我拨通她妈妈的电话，是小涂的声音。

"我听你妈妈说，你在最近一次考试中，成绩有所提升？你感觉怎么样？"

只听见听筒那边传来非常激动的声音："李老师，我提升了，我这次考试成绩进步特别大，语文87，数学91，班级排名进入前十了。"

我本以为他妈妈告诉我孩子成绩有提升，只有那么一丁点，没想到却是这么的大。

我再问他，你有没有信心在下一次的考试中，考进班级前五呢？

他说："有。"

"看"到他这种状态，我由衷地为他感到高兴。

虽说这个成绩在很多"学霸"眼中看来，并不值得一提。可是你知道吗？在他去年的这个时候，数学与语文成绩只能达到六七十分。当时我问他："你有没有想过，把学习成绩提升到80分以上？"

他没有回答我，但我在他的眼中看到了极度的怀疑。

"老师，您该打就打，该骂就骂"

今天我就与你聊一聊，这个学生是如何做到由被动学习到主动学习，由极度不自信到极度自信，从而大幅提升自己的学习成绩的。

时间倒转，回到2020年10月，我接触到一个这样的学生，他专注力极差、拖沓、叛逆、调皮，这些词好像是为他量身打造。而在学校，通常每天下午放学后，他总是会被老师留到最后一刻，背了书，完成了任务以后才能回家。

他的妈妈不禁开始为他的学习担忧、发愁起来。要知道，他还只是一个四年级的学生啊，如果继续保持这种状态，或许他的人生就毁了。一次，我带着我班级里的学生去他们班进行记忆才能展示，当班级里所有的同学都安静下来时，他便开始在我的身边转悠，左走走，右看看，似乎显得我们是多余的存在。

回到培训学校，学校里有位老师跟我说："那个孩子的妈妈准备报名，来你的班级上课，你得注意一点，可别把你自己累坏了。"

我当时就想，这孩子一定是有某种问题，要教他，肯定得付出不少精力。

他的妈妈特别重视孩子的学习，来培训学校找过我3次以上。考虑到他当时的成绩只能在及格线上徘徊，我也把真实的情况告诉了他妈妈，如果要学习我的课程，在短时间以内，很难做到大幅度的提升。可他的妈妈还是不肯放弃："他哥哥说这个方法特别好，告诉我学习（这个方法）是对的，哥哥就是吃了学习的亏……学习的时候，您对我孩子狠一点，该打就打，该骂就骂。"

是啊，这个世界上或许也只有父母能够毫无条件、倾尽所有都要把最好的东西拿给自己的孩子。那一刻，我被他妈妈的话给打动了，心里想着："我尽自己最大的努力吧！"此后，他便进入了我的班级。

努力后，由倒数第一进步到倒数第二

2021年初，寒假的第一次课程学习中，他不在乎课堂纪律，逗得同学们哈哈大笑，数次提醒也毫无办法。可是在所有同学训练的时候，我发现了他极为特别的一点：对待布置的记忆作业，他的态度是非常端正的。

这一点是初学者学习任何技能达到高手的关键。

发现了他的这一优点，我经常在课上、课下跟同学们说："小涂很棒，哪里又有提升，哪里又做对了……"当他看到大家对他的认可，他对学习的态度也开始慢慢地好转了起来。

如此，他的成绩也随之提升了吗？其实并没有，7天后的一次班级模拟测试，他考了班级的最后一名。那一刻，我看到他满脸的惆怅和失落，我就知道，这孩子，开始在乎自己的成绩了，还有救。

隔了两天，我下一个班就要开课了，我立马给他的妈妈拨通电话，"我看他的状态很好，要不让他继续跟着我下一个班的学生一起上课？"

他的妈妈欣然答应。而他在第二次进班学习的状态，明显是要高于第一次的。他开始变得积极主动起来，上课认真听讲、训练，下课帮助老师整理教具、打扫卫生。我相信你看到这里，一定会认为他的成绩会有特别大的提升。

对，没错，7天后的模拟测试，他的分数在上一次的成绩上提升了数倍，可他的排名只上升了1名。

他考了倒数第二！

即使身处黑暗，也要仰望星空

我在他考试后，与他分享了尼采的一句话："与其郁郁寡欢深陷抱怨的痛苦中自我折磨，不如开开心心地勇敢面对，或许能柳暗花明，豁然开朗。"或许他懂，或许他不懂，但他在后来的几个月时间里，每天都按照我给他的要求来学习，做训练。

后来，他告诉我，由于学校和我每天都给他布置了任务，那个时候速度起不来，经常要忙到晚上11点以后才能睡觉，甚至有时候都没时间吃饭，妈妈就在他做作业或训练时喂他吃饭。那个时候，他便开始懂得妈妈是关心他，爱他的，他的内心被这种感动所激励。

也许，正是因为他有了这颗勇往直前的心，不管是他的学习成绩还是记忆训练成绩都有了极大的提升。一次，我组织了培训学校近百人的记忆挑战赛，他拿到了全场第六名；还有一次，我把那一年我带的所有学生组织起来进行一场模拟赛，他竟拿了第一名的成绩。要知道，这一次与他一起测试的学生当中有比他大好几岁的，比他早学几个月的，还有初中三年级的，年级排名前20的等厉害角色。而这些成绩，无不是拔高了他对学习的自信。

他还告诉我说："以前在学校上课，老师肯定知道我背不出来课文，所以要经常点我的名字；现在老师知道我能够回答出来他的问题，都不对我提问了，我现在背书至少要比身边的同学快一倍。"

现在不管是看到他对学习的态度，还是看到他的学习成绩，我都真心为他感到开心。

于此，我不由得想到了一句话："热爱你热爱的热爱，坚持你坚持的坚持。"

当然，他有这么大的提升，不仅得益于记忆方法带给他的自信，还得益于他妈妈的付出，学校老师的调换，这些环节缺一不可。

今天，我写下这本书，我相信也会有很多类似小涂这样的学生因此受益。

李豪
2022年1月

本书特色及阅读收获

- 本书主要的受众为中小学生，因此在写作手法上，偏向于通俗易懂的话语，并且加上了很多作者在教学中遇到的趣事案例，以使读者身临其境。

- 本书共分为九个大的章节，每一章节相互独立，却又紧密地联系在一起。比如在第四章讲了七大记忆方法，紧接着在后面的四个章节中也会涉及学科、考试、单词记忆、思维导图绘制等方法，便于读者全面地解决学习难题。

- 为了提升实用性，本书在部分小节内容结束后，有一个小思考或者小练习，并在每章的最后增加了本章总结，便于读者更好地吸收方法。

- 本书在每一章后增加了课后作者答疑，把读者在学习篇章方法或学习考试中常常遇到的场景，用答疑的方式进行了解答。当然，如果当你阅读了此书以后，又存在其他未提到的疑问时，也可以通过文字的方式把自己的疑问发送给作者公众号，这样不仅提升了自己的思考能力，还可以收获一群志同道合的伙伴。

目　录

001 第一章
学习记忆法之前，你需要知道的5个事实

第一节	记忆力为什么如此重要	002
第二节	记忆方法会偏离知识本身的运用吗	004
第三节	我们为什么会遗忘	006
第四节	我们到底应该怎样学好记忆法	012
第五节	学前记忆测试：看看你的记忆力到底怎么样	015
作者答疑：死记硬背，费力不讨好		017

019 第二章
学校老师都在使用的3大记忆方法

第一节	理解记忆法：5个步骤，巧记数学公式	020
第二节	构建大脑场景，轻松搞定古诗背诵和文章写作	024
第三节	组块记忆法：7±2数字效应，藏着短期记忆和注意力广度的秘密	028
作者答疑：如何区分情景、程序、语义记忆		033
作者答疑：你擅长哪种记忆类型		034

037 第三章
打开哆啦A梦的记忆口袋

第一节	明确学习动机，拒绝做"记忆僵尸"	038
第二节	记忆的前提：专注力训练	040
第三节	记忆的魔法：想象力训练	042
第四节	记忆的基石：观察力训练	044
第五节	记忆的向导：思维力训练	047
第六节	有自信，才能更好地提升记忆	052
作者答疑：好记性是需要自信来催生的		055

057 第四章
最强大脑学习法：快速记忆的7种方法

第一节	图像记忆法：颠覆你的学习方式	058
第二节	故事串联法：零基础小白20分钟速记小数点后60位	062
第三节	绘图记忆法：5大步骤让你提升10倍记忆力	067
第四节	口诀记忆法：速记初中学科知识点	073
第五节	记忆宫殿法：世界记忆大师都在用的方法	077
第六节	编码记忆法：数字、文字、字母全搞定	084
第七节	万能记忆六步法：全面提升你的记忆能力	094
作者答疑：编故事记忆，好记又有趣		099

101 第五章
4篇文章，让你掌握所有类型的语文知识

第一节　生僻字、易错字记忆　　102
第二节　文学修辞手法记忆　　105
第三节　各种文学常识记忆　　108
第四节　现代文、文言文的记忆　　110
作者答疑：整体记忆不如分段记忆　　119

121 第六章
记忆法在考试答题中的运用：一看就懂，一学就会

第一节　考试中的记忆法：1对1配对法　　122
第二节　考试中的记忆法：1对多配对法　　125
第三节　考试中的记忆法：多对多配对法　　129
作者答疑：总是马虎大意怎么办　　132
作者答疑：考试焦虑怎么办　　133
作者答疑：遇到不喜欢的老师，还要不要学　　134
作者答疑：日积月累和临阵磨枪哪个更好　　136

137 第七章
让你过目不忘的单词记忆法

第一节　轻松搞定记单词　　138
第二节　1小时搞定60个单词　　142
作者答疑：学过的单词记忆方法使用不上　　148

149 第八章
被称为"瑞士军刀"的思维导图

第一节　思维导图的前世今生　　　　　　　　　　150
第二节　思维导图绘制前的心法　　　　　　　　　151
第三节　如何绘制一幅完整的思维导图　　　　　　158
第四节　思维导图在学习中的应用　　　　　　　　161
作者答疑：孩子学习总是很被动应该怎么办　　　　167

169 第九章
掌握这3点，你的成绩会更好

第一节　终局思维：请站在未来，看现在的自己　　170
第二节　费曼学习法：以教为学是最好的学习　　　174
第三节　大脑保健：记忆质量的关键点　　　　　　178
作者答疑：强迫记忆，将会适得其反　　　　　　　184

185 参考文献

第一章

学习记忆法之前，你需要知道的5个事实

英国哲学家培根说："一切知识，只不过是记忆。"记忆力太重要了，其他能力不管有多强，只要"记不住"，所有的努力都白费，而对于学生来讲，更是如此。兵法有云："知己知彼，百战不殆"。在学习记忆法之前，我们首先来了解一下5个事实，以便更好地帮助你今后的学习。

第一节　记忆力为什么如此重要

经常会有人问我："现在的搜索引擎如此便捷，只要学会使用电脑、手机，就能查到海量的知识，我为什么还要花大量的时间去背诵呢？"早在印刷术发明之后的一段时间里，就有许多的专家学者提出类似的观点，知识都印在书里了，还有必要去记忆吗？其实，这种想法只看到了记忆的表象，没有看穿记忆的内在意义和实际价值。

什么实际价值呢？一个无可争议的事实是，记忆力的强弱，直接决定成绩好坏。如果我们把学习当作一场漫长的征途，那么记忆就像是你的交通工具，牛车走了一年的路程，还比不上飞船1小时走得远。在竞争日益激烈的今天，谁先开发记忆的潜力，谁就会成为将来的强者。

本书写给学生，因此从学生最关心的学习入手，谈谈记忆力为什么如此重要。

1. 学习新知识离不开记忆

我们都知道，知识的学习是需要记忆力的。学习知识有一个规律，它总是由浅入深，由简单到复杂，是循序渐进的。在学习新知识前，要先复习旧知识，就是因为把新旧知识联系起来，才能更有效地记住新知识。忘记了有关的旧知识，却想学好新知识，那就如同想在空中建楼一样可笑。

如果说学习高中"电学"时，学生把初中"电学"的知识全都忘记了，那么高中的"电学"就很难学习下去，成绩自然提不上来。

如果在做求证三角形全等的习题时，把三角形全等的判定公理或定理给忘了，那就无法进行解题。

宋代学者张载说过："不记则思不起。"这话是什么意思呢？简单来说，如果感知过的事物不能在头脑中保存和再现，思维的"加工"也就成无米之炊了。

一位捷克教育家说："一切后教的知识都根据先教的知识。"可见，记住先教的知识对继续学习有多么重要。

2. 记忆可以提高学习效率

记忆训练，能极大地提高学习效率。记忆力强的人，头脑中都会有一个知识的贮存库。

我的高中同桌是一个非常善于学习的人，在做英语阅读或写作时，她很少翻查字典；在做数学习题时，她也很少翻书查找公式。因为这些知识已牢牢地贮存在她的大脑中了，随时可以取用。

不少同学解题速度快的秘密也在于此，他们把常用的运算结果、常用的公式定理等熟记于心，在解题时就不必在这些简单的运算上费时间了，从而可以把时间更多地用在思考问题上。许多人学习成绩差，就是由于缺乏良好的记忆。

3. 记忆是考高分的秘诀

现在学生的学习任务繁重，各种考试应接不暇，如果记忆力差、记忆效率低，学习成绩可想而知。

网上有一个研究调查显示，学生的学习压力有60%来自记忆困难。我们要是从记忆的角度分析以下各门功课的考试题目，大体就可以分为3类：

① 考试题目直接可以在课本中找到答案的：语文、政治、历史、地理。

② 需要把课本的内容加以组织、概括和总结的：政治、历史。

③ 考试题目与课本上的例题相类似的：数学、物理、化学、英语。

可以说，只要你能把学过的知识点给牢牢地记住，你就能拿到不错的分数。而面对这些海量的知识点，记忆力就显得格外重要了。如果此时恰巧你能掌握一种好的记忆方法，它将能节省你大量时间和精力，把余下的时间拿来玩耍，何乐而不为呢？

4. 记忆是一切创作的源泉

记忆是我们学习行动和生存的基础。如果没有了记忆，人便无法思考，一个个体如果丧失了记忆，也就在很大程度上丧失了自我。

作家余华曾在学术分享会上谈及《文学与记忆》，他说："记忆力在决定着作家的写作。"

什么意思呢？他说："某篇报纸曾报道，某人从20层的楼上跳下来了，整个过程并不吸引人，但记者又多写了一笔，说跳楼人牛仔裤已经全都摔裂了。正是后面的这一点，便牵动了写作的灵感，在我写的《我胆小如鼠》一书中，有一片段的创作源泉就来自这一篇报道。"

以下是原文内容："使我感兴趣和吸引我的是，当那辆汽车去撞拖拉机的时候所发出的那巨响声，巨响把道路两边的树上的麻雀都震死下来了。"

他说："作家的记忆力里面都包含了一个作家非常出色的想象力和洞察力。正是这样的'记忆'，影响着他一篇又一篇地往下写。"

所以当我们能够明白以上的几点对我们的学习、生活都有如此大的影响时，你还会觉得在这个时代，只要能够学会使用手机和计算机就行了吗？

现在请你思考一下，在你的学习、生活中的哪些地方会用到记忆力？如果你拥有好的记忆力会怎么样？拥有不好的记忆力又会怎么样？

第二节　记忆方法会偏离知识本身的运用吗

有个别家长在给孩子报课程时，会提及："我知道咱们的方法是很好的，但他在学习的过程中会不会因为这种方法强调使用夸张、荒诞的想象，很多的记忆画面与原文含义不一致，导致不能有效地学习知识？"

其实我特别喜欢有家长能够在孩子开始学习前，带着一些对孩子学习方法过程中要遇到的问题来问我。有问题代表了有去做过相关功课，没问题就成了最大的问题，学习的时候也便"人云亦云"。同样，我希望这本书的读者也带着一些问题来学习。

1. 自然记忆与人造记忆

其实，这个问题在整个学术界都存在着很大的争议。有的人认为靠理解（自然记忆）把知识记住，才算正确的记忆方式；他们认为使用那种荒诞、夸张的联想（人造记忆）把知识记住，是不公平的，不正确的，如图1-1所示。

```
          m、e、a、n、s 方法……m、e、a、n、s……
   ┌──────┐ ─────────────────────────────→  √ 自然记忆
   │means │
   │方法、手段│
   └──────┘    me+an+s 方法
            ─────────────────→  ×  人造记忆
```

图1-1 自然记忆与人造记忆的区别

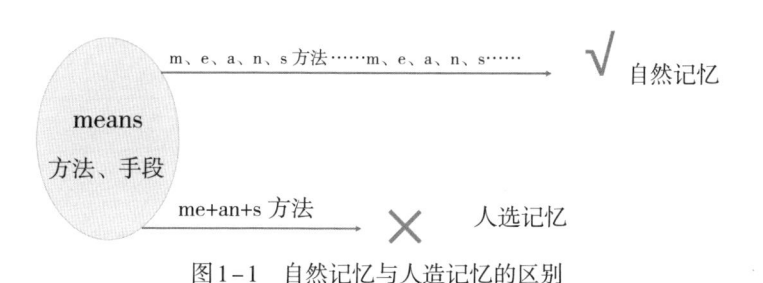

但是，让我们思考一下记忆的目的是什么？是记住需要记住的内容。在应试考试的情境中，阅卷老师看到的只是卷子里最终写上的答案，而看不到学生记忆的过程。就像横渡海峡，有的人泳技高超，可以依靠自己的体能游过去，有些人借助工具，例如，游泳圈、小船，甚至直接搭船渡过海峡。无论依靠哪一种方式，他们都实现了相同的目的。我们固然要称赞那些依靠自身游泳能力横渡海峡的人一声"好样的"，也不能禁止其他人采用别的方法。毕竟，这不是游戏比赛，并不较量游泳能力。

读者朋友们若能通过学习记忆法，用"人造记忆"打败只靠"自然记忆"的人，也未尝不是一种脑力科学的进步。

2. 记忆法是可迁移的

记忆跟我们已有的经验相关，也就是你知道的越多，那么记的也将越多；知道的越少，记的也就越少。记忆也是一种可被学习的技能，是可迁移的。但对于学生来说，他们很难独立使用记忆方法和技巧，需要成人的帮助。优秀的老师会通过教学设计，用更科学的方式来组织和呈现教学内容，帮助孩子记忆。

记忆法展示了科学记忆的原理：读取、存储、提取。这些原理具有可迁移性，但在不同内容材料的记忆中，需要发展出有适应性的方法和操作技巧。

3. 对症下药，以合适的方法记忆

在学习中我们会遇到哪些记忆难题呢？

- 英语单词太多，记不住！
- 学科考点零散，记不住！
- 古诗、文言文、现代文太多，背诵耗时间。

- 张冠李戴，把李白的诗安到杜甫头上。
- 历史事件的编年表，记了就忘！
- 读了那么多书，写作文的时候，却还是想不出恰当的词语。
- 知道数学题的解题思路，却想不起具体公式，白白失分！

记忆法就像一个工具箱，面对各式各样的难题，我们可以从工具箱中拿出相应的工具来解决。例如，我们可以用拼音、谐音、熟词、编码和词根词缀法来记英语单词，可以用故事串联法来记零散知识，还可以用绘图记忆法来记古诗、文言文、现代文等。

学习记忆法不仅能提高记忆力，更是对逻辑能力的一种训练。希望大家在看完本书后都能举一反三，对症下药，以合适的方法记忆。

第三节　我们为什么会遗忘

遗忘这个词对于我们来讲，并不陌生，我想很多同学都曾这样幻想过，要是我们的大脑能不遗忘，那该多好啊！其实，曾经我也这样幻想过，但通过一步步地学习之后，我或许觉得遗忘反倒是一件好事。这是什么意思呢？首先，我给大家解释一下什么是遗忘。所谓的遗忘，就是我们对于曾经记忆过的内容不能够再认或者回忆，或者是出现再认和错误的回忆。

1. 遗忘的4种学说

在多年前，我曾在一本记忆术的书中看到过这样一则故事，故事的主人公拥有"完美"的记忆，他能把自己在生活中经历的所有事情都记住，多年后也能够很好地回忆出来，故事是这样的：

拥有完美记忆的人

人们经常渴望拥有一个完美的记忆，但无法忘记也有其明显的弊端。下面的研究就表明了这一点。

他的名字叫舍雷可夫斯基（简称S），当他惊人的记忆力被发现的时候，他还在

第一章
学习记忆法之前，你需要知道的 5 个事实

一家报社担任记者。后来他便以"S"的化名为世人熟知。一天早上，他工作的那家报社的主编对手下的记者们发表讲话时，发现S根本没有做任何记录。那位主编指责S不认真听他的指示，但S立刻一字不落地把他的指示重复了一遍。那位主编感到十分惊讶，但对S而言，这并没有什么好奇怪的。

不久后，一位名叫亚历山大·鲁利亚的科学家对S的记忆力进行了一番测试。他惊讶地发现，S能准确无误地重复他收到的任何数字或单词。无论鲁利亚的测试多么复杂，S都没有犯过任何错误。鲁利亚对S进行了长达30年的跟踪研究，他得到的结果令人不可思议。有时，他会要求S回忆一个他们15年前做过的测试。

"1929年，我对你进行过什么测试？"1944年的一天，鲁利亚对S这样说道。S想了一下，回答说："想起来了，这次测试是在你的公寓里进行的。你坐在桌子旁边，我坐在椅子上，你那天穿着一套深色西装，我似乎能看到你正在说：'1、13、74、29'。"

鲁利亚非常想弄清楚S是如何获得这种强大记忆力的。S对他解释了自己大脑的工作方式。首先，他是通过图像来记忆的。如果他有不同的东西需要记住，他会想象自己正待在一个熟悉的地方，例如他居住的街区。接下来他会在这个街道上"散步"，当他经过某个熟悉的东西。比如，他经过大门的时候，他会把他要记忆的东西"放置"在上面。假如他需要记住的东西是"鸭子""长面包"和"书"的话，他便在自己的门口"看"到一只鸭子，在下一个门口的台阶上"看"到一个长面包，在街道转角处"看"到一本书。也就是说，他自己发明了一套与西摩尼得斯的房间记忆法非常类似的记忆系统！

他的图像记忆系统也可以用于记忆数字，因为数字在他看来也是图像。例如，当被要求记忆数字2的时候，他会想象出一个黑色的长方形。

只有当他把一样东西放在自己很难"看到"的地方时，S才会遗忘。有一次他忘掉了"鸡蛋"这个词，因为在他的想象中，他把它放在了一堵白墙的旁边，它们的颜色过于接近，他便看不到它了。还有一次他忘记了"鞋子"，因为他把鞋子藏在了街道转角处某个黑暗角落里，但他最终还是解决了这个问题，他在街角处"安装"了一盏路灯！

S甚至记得他还是个婴儿时的情景。他能在脑海中回想起母亲从婴儿车上方看着他的画面，也能在心中回忆起听到母亲声音时的温馨之感。在儿童时代，他的想

象力极为丰富。这让他生活在一个幻想出来的世界里。有时候，他早上醒来时会想："我不想去上学了，我要想象一下，有个人已经替我去上学了。"然后，他便会相信这是真的，于是继续呼呼大睡，直到父亲发现他没去上学并对他大吼："你怎么还没起床？这会儿你早就应该到学校了！"

长大之后，S发现自己很难适应一成不变的工作。几经周折之后，他发现自己最适合当"记忆超人"，在全国各地的剧场里为观众表演他的记忆天赋。不幸的是，S面临的最大问题是他很难忘记任何事情。每场表演结束后，他都觉得疲惫不堪，精神恍惚。但最后，他还是学会了如何去忘掉自己不想记住的东西：他会在想象中用布把这些东西都盖上。如果他"看"不到这些东西，它们就会从他的记忆里消失！

上述案例的主人公S拥有近乎"完美"的记忆，可这样的记忆也给他带来了极大的困扰，好在后来的他通过努力，学会了让自己去忘记东西。下面我们就来了解一下记忆心理学界的4种遗忘学说。

（1）衰退说

记忆活动会使脑神经细胞和大脑结构发生变化，形成记忆痕迹，记忆痕迹会随着时间的推移发生变化。这就好比在沙滩上写的文字，慢慢地会被浪花抹去痕迹。

这主要体现在：

①随着时间的流逝，大脑内部发生了一些改变，我们遗忘的东西会越来越多。记忆之后，必须不断进行复习和使用，才能让记忆更深刻。

②随着年龄的增长，所处的环境、地位、职业等发生变化之后，就没有更多的注意力和精力投入这个方面，很可能会导致之前记忆的某些信息失去了作用。

（2）干扰说

干扰理论认为，我们正在学习的内容，可以被过去已经学习过或者未来将要学习的东西干扰，前者是"前摄干扰"，后者是"后摄干扰"。

我拿在学校学习历史课本的案例来讲解。

什么是"前摄干扰"呢？上午8点学习的"商鞅变法"，会对9点学习的"王安石变法"产生记忆干扰。

什么是"后摄干扰"呢？上午11点学习的"戊戌变法"，会对上午10点学习的"辛亥革命"产生记忆干扰。

第一章
学习记忆法之前，你需要知道的 5 个事实

（3）压抑说

心理上的某些因素，对记忆力的伤害无疑是更大的，如压力、焦躁、悲伤等情绪，都会对记忆力产生较大的影响。

这样的事情在我们的身边经常发生。

一个学习成绩很好的学生，有时会在考试的时候发挥得不是很好，原因基本都是考试紧张，很多东西忘记了。有些人去面试，本来在之前准备得很充分，可是在面试的时候还是语无伦次，原因也是紧张，导致把自己准备的东西全都忘了。

另外，一些重大的创伤，例如，严重的车祸、地震、洪水、海啸等，可能会对人的生理和心理都造成重大的伤害。当大脑面临这种类型的信息时，就会让人在潜意识里拒绝去记住这些相关内容，或者快速遗忘这些内容。因此，有时候遗忘也是一件好事。

（4）提取失败说

储存在长时记忆中的信息是永远不会忘记的。人们之所以对一些事情想不起来，是因为人们在提取信息时没有找到合适的提取线索。也就是说，在储存信息的时候就没有找到合适的方法。

使用记忆方法记忆材料，其实就是增加提取线索。

例如，在记忆"水杯""鼠标"这两个词时，我们可以创造多种连接渠道进行记忆：水杯砸坏鼠标；水杯把水倒在了鼠标上，炸出很多的爆米花；鼠标一点，水杯就有了水；用鼠标网上购物，买了水杯……

另外，科学研究发现，提取线索的情景也非常重要。什么意思呢？就是说，我们提取记忆时的场景与我们在记忆时的场景最好一致。

举个例子，快期末考试了，如果你今天在自己的座位上复习明天要考核的内容，而你的考试座位正是你现在的座位，那么你的考试成绩就会比换到其他教室考试的同学好很多，除非你本来在班里面的成绩不是很好。

为了方便理解这4种主流的遗忘学说，我们可以把4种学说做一个比喻：想象一下，你走进一个房间找一件物品。"衰退说"就相当于"鬼屋"，你找不到想要的东西是因为它放在房间太久了，以至于它消失不见了；"干扰说"相当于"杂物间"，你要找的东西，在一个杂乱堆满的房间里；"压抑说"相当于"隔离间"你所要找的东西只能是特殊人群在特定时间、特定地点才能够找到；"提取失败说"

相当于"密室"，你要找的物品都被锁住了，你只能找到钥匙才能够打开并取到它们。

其实导致遗忘的因素还有很多，包括头部受伤、营养不良、神经系统问题、滥用药物、吸毒、酗酒、更年期和重大疾病等。当然，这些原因很多时候都是可以避免的，只要避开了这些因素，人们记忆力遗忘的现象，就会得到极大的缓解。

2. 拒绝进入

有时候导致我们遗忘的还有拒绝进入，这又是什么意思呢？它指的是，虽然很多信息通过各种各样的方式进入了我们的大脑，但是却有相当多的信息根本就没有进入记忆库存，只是形成了感觉记忆和工作记忆，这两种是短时的记忆。现在我们来了解一下，究竟是什么原因导致这样的信息不能进入大脑记忆库。

（1）记忆的自动过滤

每时每刻输入人脑的信息是不计其数的，其中有很多信息没有任何用处。就像我们走在大街上，看见形形色色的店铺、小广告、人群等，这种信息对我们来说就没有用处。

如果让这些信息进入我们的记忆，就很有可能造成大脑记忆库信息负载过重，导致一些重要的信息被排除在记忆库之外。因此，当信息被输入人脑的时候，大脑会自动把信息划分成有用的信息和没用的信息，并把那些没用的信息排除在外。

（2）信息重复次数不够

信息想要进入大脑记忆库，并且真正被记住，需要我们不断地重复，如果不进行重复，这些信息就会衰退。

例如，我们要背一篇很长的文言文《邹忌讽齐王纳谏》，并不是一次就能全部记住的，需要反复地进行记忆，否则我们就会发现根本没有记住。

这是因为很多复杂信息进入我们的大脑之后，只是一个"过客"，没有进入记忆库。只有不断循环，才能敲开记忆的大门。但是很多时候，简单地重复并不会让我们形成长期记忆。

（3）信息缺乏理解

想要把信息记牢，就一定要充分理解信息所包含的意义。有时候因为我们不能对信息的意义有充分的理解，就会导致明明知道是重要的信息，却没有把信息记住，这就造成了很多重要的信息丢失。

例如，我们单纯地记住一个数学公式并没有任何帮助，而理解了这个公式是怎么证明来的，它的用途是什么之后，再来记它，就会容易很多。

（4）缺乏联想关系

如果这个信息是我们必须要记住的内容，那么当信息输入大脑后，可以利用自身的想象力，让新的信息与旧的信息建立一定的联系，从而达到快速记忆的目的。

同时，如果我们站在另一个角度来看，拒绝进入是一种好的现象，很多时候它能阻止一些没有任何意义的信息进入我们的记忆库，从而保证记忆库的空间，也能够避免在脑袋里储存一些没有用处的信息而头昏脑涨。

3. 拒绝访问

"访问"指的就是记忆的重现。很多时候，我们觉得自己明明已经记住了信息，但是当我们想再提取和使用的时候，却没有办法正常回忆。记忆并不是磁带，很多时候它并不会像磁带一样想重复就重复，很多原因都会造成记忆没有办法被访问。到底有哪些原因呢？

（1）信息被加工的深度和广度不够

一般情况，在首次记忆信息时，加工得越精细就越有助于记忆，越不容易被遗忘。例如，我们记忆一块形状像马的石头，如果只把它当成一块石头来记，以后就很难回想起它，因为在我们的记忆中，可能会有无数块石头。但如果在记忆的时候，对这块石头进行想象加工：这块石头是马老死之后的化石；我一不小心碰上了这块石头，擦破了皮，流了很多的血；黑心老板将这块石头标价5万元卖给我等。这样以后再回忆起这块石头就比较容易了，因为它在我们的记忆中是独一无二的。

（2）选择的记忆方式不对

信息的记忆，是需要选择正确的方式的，正如"做一件正确的事，比把一件事做正确更好"，有时候选择正确的方式记忆信息，会比选择其他方式记忆同样的信息记得更持久。

例如，我们记忆一个人，肯定要先记清楚这个人长什么样子，再去记他的名字，这样以后想起这个人，就会想起他的样子，就很难忘记；如果只是记住名字，

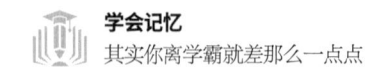

以后回想起来就可能只想起这个名字，对于这个名字代表的是谁，则完全不清楚，这就没有任何意义。

（3）记忆信息之间相互干扰

记忆信息的时候会受到一些信息的干扰，例如，我们在一天内认识了很多人，知道了他们的长相和名字，但是很可能在第二天的时候，我们会对应不清人的样子和名字。这是因为这些信息输入人脑的时间相近，信息的内容也十分相似，造成了它们之间的相互干扰。

（4）缺乏足够的联系和暗示

很多时候，失去了某些联系之后，也可能会影响记忆的访问。如我们看了一部电影，特别喜欢一个明星，因为他扮演的人物实在太好了，所以我们就记住了这个明星和他扮演的这个人物，而当这个明星出现在另一部电影里面，扮演另外一个人物时，我们很可能会感觉这个人在哪里见过，但就是想不起来，需要经过长时间的思考，才能想起这就是扮演那部电影的那个角色。

其实这就是因为两者之间脱离了联系。暗示也是同样的道理，经过别人的提醒，他演过什么电影，在剧中与某某发生了什么事情，这样把你带入一个情景之中，你就能够想起来这个明星到底是谁。

通过上述的内容，各位同学知道了我们的大脑为什么会遗忘。那现在请你思考一下：在你学习的过程中，还有没有因为某种原因让你遗忘的？它给你造成了什么样的后果？

第四节　我们到底应该怎样学好记忆法

在我授课的过程中，会遇到很多家长与学生问我："老师，我也跟班学习了记忆法，可还是很难去运用这种技能来解决学习中的难题，怎么办呢？"其实这不是个例，而是普遍存在的。那我们到底应该怎样学好记忆法呢？

这里我提供4点建议：

第一章
学习记忆法之前，你需要知道的5个事实

1. 进行大量的基础练习

记忆术是一种非常简单、易入门的方法，可能你在网上搜索"提升记忆"等关键词，就会出现很多标题类似"5分钟带你入门（学会）记忆法"的文章及视频。确实，5分钟就可以让你记住简单的记忆法，但你真的会运用吗？不一定的，记忆法入门简单，但精通就难了。

记忆法的学习与游泳是非常类似的，我有一个朋友观看了很多的游泳教学视频，理论知识比一般的教练都丰富，可当我问他："你游泳怎么样？"他却跟我说："我不会。"你看到这里，是不是觉得很惊讶？是的，没错。我们常说"光说不练假把式"，对于技能的学习，仅仅靠知道是不够的。所以在前期学习记忆法的时候，不要觉得我听了课、看了书，就学会了记忆法。听了课、看了书只代表你知道记忆法，距离做到，还有大量的基础练习。

2. 正式练习中的困难

当你在学习记忆法过程中，通过老师的指引取得了一定的进步，你会为之感到高兴。或许有一天，你会感受到掌握记忆法并不是一件轻松的事，不过，可千万别放弃。其实，我在学习记忆法的过程中，也遇到了很多的困难，这里给你分享我参加一次培训课程的经历：

我独自训练，可以做到40～50秒准确记住40个随机数字，5分钟记住180个数字，3分钟以内记忆1副打乱顺序的扑克牌。而当我第一次参加培训课程课前测试时，5分钟只记住了38张扑克牌或128个数字。听课一周后，我的成绩不增反减，记忆40个随机数字需要90秒左右，并且还不能全对。我极为难受，可我并没有放弃，又一周后，我可以做到30多秒记住40个随机数字。后来一路过关斩将，我拿到了第26届世界记忆锦标赛成都城市赛的全场总冠军，获得全球仅有的500多位的"世界记忆大师"称号。

所以当你遇到困难的时候，一定不要放弃，如果放弃，你就可能永远离开了成功！

3. 学以致用

当你明白了记忆法的原理之后，就应该立马实践，拿来解决生活、学习中遇到的问题。通过这样的一个个成功的喜悦，使得这项能力融入你的生命。

网络上有一个段子说的是为什么要背古诗词，非常有意思：一天，小文与小张一起去了边塞，小文看到大漠风光立马说道："好美啊！给我拍个照。"而小张却说："此情此景不禁让我想到'大漠孤烟直，长河落日圆'。"

类似的经历在我的身上也曾出现。有一天，我的朋友在熬夜做一份课件，他想用最简易的方式做好，以便早点睡觉，但被我制止了。当时我就跟他分享说："早在几千年前，老子就说过，天下难事，必作于易，多易必多难。现在一时的轻松可能会换来后面长久的痛苦。"可他当时并没有听取我的建议，选择了一时的贪图享乐，后来当机会摆在他的面前时，也只能眼巴巴地看着，错失良机。

因此，我建议你准备一个记录本，把自己学习过的记忆方法写在本子上面，然后找一些你需要解决的记忆难题，把记忆方式写下来。

4. 不断地激励自己

"宝剑锋从磨砺出，梅花香自苦寒来"，这是你成长的道路上一定要去面对的，人生的旅途就是这样，要想成功，你就得接受，并且去挑战一些不可能的事情。其实你也是无所不能的，想想看吧，别人都能够成功，为什么你不能呢？不要去羡慕别人，做好自己该做的事，你也可以成为别人羡慕的那个人，你也可以成为别人学习的对象。

因此，我建议你先制订一些能完成的目标，然后慢慢地去向它靠近，去实现它。每一个人的成功之路或许都不尽相同，但我相信，成功需要每一位想成功的人去努力，去奋斗，而每一条成功之路，都是充满坎坷的，只有那些坚定自己的目标，不断努力、不断奋斗的人，才能取得最终的成功。

大家在训练记忆法的过程中，可以每天反复地阅读以下的话语：

①想他人之所想，做他人之不敢做。
②我深信自己能够掌握记忆法。
③我坚信记忆法能够让我受益终身。
④今天你选择努力，明天成功选择你。
⑤今天要比昨天做得好一点，明天要比今天做得好一点。

当你在学习记忆法的过程中牢牢地把这5句话记住，并不断地优化自己的学习方式，很快你就会熟练地运用这种技能来解决学习中的难题。

思考一下：学习的方法那么多，你为什么要学习记忆法呢？请写出3点理由，同时也请你写下学好记忆法的2个准备。

第五节　学前记忆测试：看看你的记忆力到底怎么样

在我们正式开始学习之前，我们可以通过简单的测试，来了解一下自己的记忆能力处于什么水平。当然，我们测试主要是为了在学习过程中发挥自己的长处，弥补自己的短处，而不是为了打击大家。

现在请你打开手机计时器、拿出纸和两支不同颜色的笔，准备好这一切以后，你就可以拿出20分钟的时间，开始测试。

记忆测试一： 1分钟记忆以下30个数字。（注：只可以用脑袋记忆，不允许写下来。当然，你也可以邀请自己的好朋友以1秒钟1个的速度念给你听记。）

520980455154528303344351507680

答题区：_____

记忆测试二： 2分钟记忆以下20个词语。（注：只可以用脑袋记忆，不允许写下来。）

白马	大炮	桌子	西瓜	电灯	报纸	树叶	泰山	猴子	气球
农民	土地	手表	猪	白酒	杯子	米饭	牛奶	石头	医院

答题区：_____

记忆测试三： 2分钟记忆以下15张扑克牌。（注：只可以用脑袋记忆，不允许写下来。）

红桃2	方块4	梅花7	红桃5	黑桃K
黑桃2	梅花Q	红桃4	梅花A	梅花5
红桃9	黑桃J	梅花6	方块K	方块8

答题区：_____

_____

好了，当你把记忆的内容写下来之后，用另外一种颜色的笔修正、打分。第一个测试，答对1个数字得1分，总分30分；第二个测试，答对1个词语得2分，总分40分；第三个测试，答对1张扑克得2分。

如果你的总分在60分以下，说明你太久都没有用脑了，需要好好地去锻炼它了；如果你的总分在60～79分，说明你的大脑使用得非常不错，你的成绩可以说相当优异；如果你的总分在80～95分，说明你的大脑已经超越了身边很多的人，你有成为世界记忆大师的潜质；如果你的总分在95以上，你的大脑已经是万里挑一的了。

当然测试记忆力的方法还有很多，这个测试是我根据自己2年的训练，加上4年的实践教学总结出来的。

专业的记忆选手，他们如果来记忆这样类型的信息，需要多长的时间呢？

专业选手刚开始训练的项目就是数字记忆，一般40秒能够记住40个数字，算是入门，大多数世界记忆大师的成绩保持在20秒左右记40个数字，当然有的人也能够在10秒钟以内就记住40个数字；我有一个朋友在平时训练时，记20个词语只需要10秒多，当然大多数人都需要30秒到1分钟才能记住40个数字；扑克牌记忆是世界记忆锦标赛上最刺激的一个项目，也是获得世界记忆大师证的一个重要标准，需要40秒以内记住一副打乱顺序的扑克牌（不含大王、小王）。

本章总结

本章讲述了记忆初学者开始学习记忆法之前，要清晰知道的5点内容。记忆力为什么会对中小学生如此重要？这是因为学习新知识离不开记忆、记忆可以提高学习效率、记忆是考高分的秘诀、是创作的源泉。

第一章
学习记忆法之前，你需要知道的5个事实

真正的记忆法是可以迁移的。在使用记忆法的过程中，需要老师的技术方法来对我们进行指导，这样可以让我们合理地选择方法。本章还分享了遗忘的4种学说，以及造成我们遗忘的另外2种原因——拒绝进入与拒绝访问。最后2节告诉我们，学好记忆需要大量练习、正视困难、学以致用、不断激励自己。同时，我们也需要清晰地知道自己现在的记忆力处于什么样的水平。

作者答疑：死记硬背，费力不讨好

初中二年级的小邹吃过午饭后，坐在教室里拿出自己的语文课本翻看，看到了一篇要求背诵的课文。他心里想着："既然是要求背诵的，那么晚背不如早背。"于是，他立刻开始背起来。在背诵过程中，小邹遇到了一些生僻字，不知道怎么读，也没有去查字典。就这样，小邹一遍又一遍地背起来。然而，背了一段时间后，小邹还是记不住，他变得急躁起来。他想："我平时记忆力很好，怎么这篇课文就是记不住呢？"

这时年级主任看到急躁的小邹，便问他怎么回事。小邹便一五一十地将事情告诉了主任。主任笑着说："这篇课文你们还没学，你不理解它的意思，自然背不下来。而且，就算你现在背下来，也会很快忘记的。"

作者答疑：

理解能够帮助记忆，让记忆更牢固。知识是需要通过感觉器官感知，如果没有经过思维器官深入思考，那么，它依然是外在的东西，不能被大脑接受。因此，靠死记硬背，是不容易记住的，即使当时记住了，也会很容易遗忘。

当然，对于比较小的孩子来说，他们善于进行机械记忆，但是，背得快，忘得也快。

所以，在学习过程中，一定要先理解，再去记忆，这样，学习将会更加有效。例如，在记成语时，我们可以先看看这个成语背后的故事，通过理解故事去记忆成语，这样便能很好地记住成语。

第二章

学校老师都在使用的
3大记忆方法

记忆主要包括3个阶段，分别是识记（编码）、保持（储存）、提取（再现）。我用衣柜的内存来给大家解释这3个阶段：想象一下你从阳台取下一件衣服（识别读取信息），然后把它放进了其中的一个柜子里面（储存）。当你要穿这件衣服时，就需要去衣柜里面找到它（提取检索）。这是我们把一件衣服装进衣柜的流程，其实我们在记忆信息时，也应该按照这个步骤。

在教授新的知识内容时，为了方便同学们快速记忆知识点，学校老师也会为学生找到一些记忆方法，本章为大家总结了学校老师经常讲的3大方法。

学会记忆
其实你离学霸就差那么一点点

第一节 理解记忆法：5个步骤，巧记数学公式

学习，离不开记忆。在学习过程中，当有公式、概念、古诗文等需要背诵的内容出现时，老师们最常说的一种记忆方法就是"理解记忆法"。

曾国藩曾说："一句不通，不看下句；今日不通，明日再读；今年不通，明年再读。"他强调读书时心急不得，因为积累学识不是一蹴而就的。

曾国藩的成功说明了学习新知识时，理解记忆的重要性。但你的老师有没有对你说："你别死记硬背啊！"于是你的内心便会冒出疑问："那我不死记硬背，到底应该怎么记？"

确实，很少有老师会教学生如何去记。有悟性的学生，在大量的学习实践中，自己摸索出了符合科学记忆原理的高效方法；还有更多的人，他们也不想"死记硬背"，可他不知道到底该怎么做呀！

1. 机械记忆与理解记忆的区别

小张今天辛辛苦苦地记了很多东西，能够背诵下来，可是等到第二天就忘了，到了考试的时候，更是记不起来。他运用的就是机械记忆，并没有理解记忆内容的真正含义，如果他先理解了材料，再去记忆，记忆会保持得更长久。

德国心理学家艾宾浩斯在做记忆的实验时发现：为了记住12个无意义音节，平均需要重复16.5次；为了记住36个无意义章节，需重复54次；而记忆6首诗中的480个音节，平均只需要重复8次！

这个实验告诉我们，想要把知识记牢固，保持得长久，就一定要去理解，而不是机械地记忆。

机械记忆效率是远远低于理解记忆的，那什么是理解记忆呢？在积极思考、达到深刻理解的基础上记忆材料的方法，叫作理解记忆法。

是不是还是不清楚这是什么意思？简单点说，我们现在要记忆科学定理、规

律、历史事件、文艺作品等材料时，一般都不采取逐字逐句、强记硬背的方式，而是借助已有的知识经验，通过分析理解后，再纳入已有的知识结构（最好是讲给别人听），以便保持在记忆中。

许多同学新学期拿到语文课本的第一件事，就是翻看目录，然后找到需要全文阅读并背诵的文章。

当语文老师说："同学们，可以先预习一下本学期的古诗文。"此时你翻开了书本，直接背诵，开启了"和尚念经"模式。而在记忆心理学里，这种"和尚念经"的记忆模式称为机械记忆，也就是我们常说的死记硬背。

2. 使用理解记忆的5大步骤

既然记忆有规律，那么在学习的时候就要经常有意识地运用理解记忆，这样才能取得良好的效果。这里我拿小学四年级的课文《爬山虎的脚》给你举例，说明使用理解记忆法的5个步骤：

爬山虎的脚

叶圣陶

学校操场北边墙上满是爬山虎。我家也有爬山虎，从小院的西墙爬上去，在房顶上占了一大片地方。

爬山虎刚长出来的叶子是嫩红的，不几天叶子长大，就变成嫩绿的。爬山虎的嫩叶，不大引人注意，引人注意的是长大了的叶子。那些叶子绿得那么新鲜，看着非常舒服。叶尖一顺儿朝下，在墙上铺得那么均匀，没有重叠起来的，也不留一点儿空隙。一阵风拂过，一墙的叶子就漾起波纹，好看得很。

以前，我只知道这种植物叫爬山虎，可不知道它怎么能爬。今年，我注意了，原来爬山虎是有脚的。爬山虎的脚长在茎上。茎上长叶柄的地方，反面伸出枝状的六七根细丝，每根细丝像蜗牛的触角。细丝跟新叶子一样，也是嫩红的。这就是爬山虎的脚。

爬山虎的脚触着墙的时候，六七根细丝的头上就变成小圆片，巴住墙。细丝原先是直的，现在弯曲了，把爬山虎的嫩茎拉一把，使它紧贴在墙上。爬山虎就是这样一脚一脚地往上爬。如果你仔细看那些细小的脚，你会想起图画上蛟龙的爪子。

爬山虎的脚要是没触着墙，不几天就萎了，后来连痕迹也没有了。触着墙的，细丝和小圆片逐渐变成灰色。不要瞧不起那些灰色的脚，那些脚巴在墙上相当牢固，要是你的手指不费一点儿劲，休想拉下爬山虎的一根茎。

（1）了解大意

当你要记忆某个事物或者材料的时候，首先可以通过分析、综合、比较、归类等方法，把握记忆材料的含义，弄清它的大致内容，了解整体框架结构。例如，看到文章《爬山虎的脚》，你就可以先通读或者浏览一遍，找出文章中的生字、生词，在脑海中思考一下它到底讲的是什么内容。

（2）局部分析

对文章有了大致了解后，就要逐步深入分析，这时候就可以运用已有知识经验，进行文本中的内容联系与对比，找出相同与不同之处，从而达到理解或背诵效果。你可以想一想自己还学过叶圣陶的哪些文章，还可以通过教材参考书、网络工具搜索一下叶圣陶的生平事迹、时代背景、亲朋好友等。当然，在学习新知识时，个人已有知识经验越丰富，越有助于理解记忆力的提高。

（3）寻找关键

灵活运用各种记忆策略和方法，找到文章或书本中的要点、难点，把它弄明白，牢牢记住。一般情况下，老师会让我们对本篇文章进行3个段落板块划分，第一部分写我的周围有很多的爬山虎；第二部分介绍爬山虎的叶子；第三部分讲的是爬山虎怎样一步一步往上爬的。这就是在分析文章的关键点，只有在此基础上，才能理解和记住比较次要或者从属的内容。

（4）融会贯通

到了这一步，你就需要将所理解和记住的各种内容，联系起来反复思考，通过文章后面的思考题或者试卷的提问进行回答，同时也可以用自己的语言去解释或复述新知识，这样更有利于加深记忆。

（5）实践运用

你是否真正理解了所学的东西，还要看在实践中能否运用。你学了《爬山虎的脚》这篇文章以后，如果可以借鉴它的写作手法来写一篇关于土豆、玉米、花生等植物的文章，那么你就真正地理解了这篇文章。

但是在这里也请各位同学思考一个问题：理解了的内容就一定能记住吗？这可不一定，理解了的东西也往往需要重复才能记住，这是因为人的大脑需要一个接受的过程（在第四章中，我们将讲解记忆文章的方法）。

3. 使用理解记忆，巧记数学公式

理解是记忆的基础，想要准确地记忆并应用数学中的概念、定律、法则、公式等，就应在理解的基础上记忆。在学习中，我也会经常遇到同学们问我："老师，记忆法能够用来记忆数学公式定理吗？"当然可以，只不过这里使用的方法与你们的书本上是一样的，利用图形做公式推理分析（这是最好的记忆方式，一定不要采取其他技巧）。

例如，记忆完全平方和公式 $(a+b)^2=a^2+2ab+b^2$

方法：由图可知，边长为 $a+b$ 的大正方形的面积=左上角的小正方形面积+右下角的小正方形面积+两个白色的长方形面积，如图2-1所示。

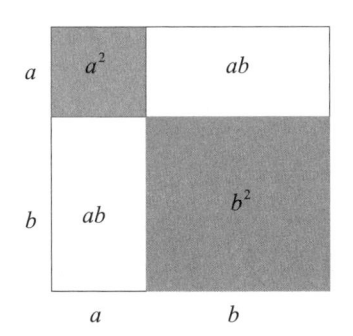

图2-1 完全平方和公式图解

训练例题：

如何理解记忆完全平方差公式 $(a-b)^2=a^2-2ab+b^2$

当然，这里也有一个记忆口诀：前平方，后平方，2倍乘积在中央；同号加，异号减，符号填在异号前。

再如，记忆数学定律：三角形三个内角之和为180°；三角形的一个外角大于与它不相邻的任一内角；三角形的一个外角等于不相邻的两个内角和。

直接看以上的文字是非常艰涩难懂的，可是如果我们通过观察以下的这张图画（图2-2）来理解以上的文字，那么这个内容将变得非常生动、有趣。

$\angle A+\angle B+\angle C=180°$

$\angle 1>\angle A$ 或 $\angle 1>\angle B$

∠1=∠A+∠B

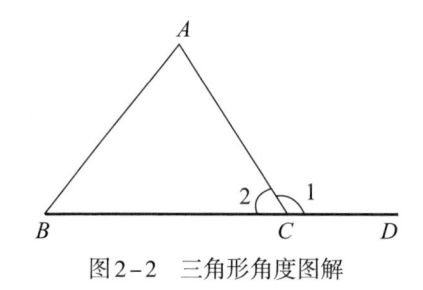

图 2-2 三角形角度图解

你看，借助以上图形，很容易就能理解和记忆3条教学定律。你有没有发现，针对任何学科考试中的某一题型，只要你明确了出题的目的，并掌握了解题的思路，无论题型怎么变化，你都能轻松地解决。这就是理解记忆带来的好处，想要拥有这样的能力，你一定要清清楚楚、明明白白地理解学科知识点，切忌不懂装懂！

思考一下：在学校学习中，你的老师还用理解记忆法讲解过哪些学习的案例？你自己在学习中又是怎么利用理解记忆法来学习的？

第二节　构建大脑场景，轻松搞定古诗背诵和文章写作

在学校学习中，还有一种记忆是老师们经常提及的——"情景记忆"。

情景记忆是根据文字内容展开想象，同时通过加入额外的动作、故事、逻辑等，把前后文的图像联系起来，构想出生动、活泼的连续情景的一种记忆方法。

看了上面的这段文字，你是不是觉得情景记忆格外复杂？我举几个例子，你将更加清晰地了解这个概念。例如，现在要你回忆今天早晨起床后的10分钟内做了什么；早餐吃了什么；怎么去上学的。再如，你听到一首歌，你觉得它听起来非常熟悉，试着回忆你在何时、何地听过它。在你回忆过程中，你想起了你曾看到一群穿得花花绿绿的大妈在跳广场舞，于是想起了你是何时何地听过这首歌。

你发现没有，这样的记忆（回忆），大脑是一丁点儿都不会排斥的。如果你在学习中能很好地使用这类记忆，学习效率将会大幅提高。

当然情景记忆也会有它的适用范围。一般来说，情景记忆主要用于记忆古诗，写

有关人物、景色、情感等的文章。下面我来分享几个案例，你也跟着一起来记忆吧。

1. 用情景记忆记古诗

六月二十七日望湖楼醉书

［宋］苏轼

黑云翻墨未遮山，白雨跳珠乱入船。

卷地风来忽吹散，望湖楼下水如天。

在记忆古诗词之前，大家应该先理解作者写这首诗的背景、意境，以及这首诗本身的含义等。这首诗是苏轼在杭州时写的，一共有5首，这只是其中的一首，描写的是西湖的雨景。

下面是这首诗的含义：黑云翻滚如同打翻的墨水与远山纠缠，我的小船上突然多了一些珍珠乱窜，那是暴虐的雨点。一阵狂风平地而来，将暴雨都吹散。当我逃到望湖楼上喝酒聊天时，看到的却是天蓝蓝、水蓝蓝。

理解了这首诗的含义之后，我们即可展开丰富的情景联想。注意：在联想的时候一定要把自己带入情节，这样不仅能够设身处地地感受诗词之美，还能快速记忆。

联想：我正坐着船在西湖上游玩，忽然，大片黑云飘了过来，把山顶都遮住，大滴大滴的雨点像珠子一样"啪嗒、啪嗒"地跳到船上，弄得我无处躲藏。正当我着急的时候，忽然，一阵卷地风刮了过来，把暴雨都吹散了。我赶紧跑到望湖楼上喝酒，往下一看，楼下的水清澈地倒映着蓝天。根据这个情景，可以画出一幅图，如图2-3所示。

图2-3 六月二十七日望湖楼醉书（凌青/绘）

情景的作用就是让记忆内容能像电影一样在我们的大脑里连续展现,这样的记忆方式是优于死记硬背与理解记忆的。

例如,第一句之前加入了"我正坐着船在西湖上游玩",然后第一句和第二句之间,加入了"正当我着急的时候"。这样,整个画面就更像一个有场景、有情节的连续故事。

古诗词很多都是作者思想感情的反映,正所谓"诗言志"。至于"言"何"志",这是我们理解诗词的关键。如果我们把自己的感情和作者的感情相融合,就能更好地理解诗词的意境,也更容易记住这些诗词。

2. 用情景记忆记学科知识

同样,我们在其他的学科学习中也可以使用此种方法进行情景记忆。比如,在记忆化学的一些重要知识点时,就可以通过在脑海中情景再现实验操作的方式回忆巩固内容;地理学习中,也经常需要记忆许多零散的地理知识,此时都可以利用"情景记忆法"。大胆想象,借助谐音,将不相干的物象联系起来,编制歌诀和利用挂钩,就能起到意想不到的理想效果。

(1)化学知识记忆

我记得在我学化学的时候,有非常多的实验操作细则,老师让我们一定要背下来,以免在做实验的过程中丢分。可每次在具体操作中,还是会被扣掉很多的细节分。我问我的学生有没有这种情况,他们也出现了这种情况。克服它的有效方法是:先进行基本的理解,通过几个关键的字或词组成一句话,或列表来简化记忆。

这里我们可以把化学实验基本操作编成情景,利用口诀进行快速记忆:固体需匙或纸槽,1送2竖3弹弹;块固还是镊子好,1横2放3慢竖。液体应盛细口瓶,手贴标签再倾倒。读数要与切面平,仰视偏低俯视高。托盘天平须放平,游码旋螺针对中;左放物来右放码,镊子夹大后夹小。使用酒精灯,莫忘加酒精,点燃用火柴,切莫灯点灯,加热用外焰,切莫放灯芯,熄灭盖灯帽,不可口吹灯。酸入水,沿内壁,慢慢倒,不断搅。

(2)地理知识记忆

在学习地理这门学科的时候,有特别多零散的知识点需要记忆,这个时候使用情景记忆同样是非常好的选择。

案例： 中国储量居世界首位的矿产资源有钨、锑、锌、钒、钛、稀土6种；居世界第二位的有锡、钼、煤、汞、磷5种。

情景联想：我们此时可先设立一个情景，这里我用《红楼梦》中贾宝玉与袭人的对话，展开联想。

贾宝玉：吾（钨）的（锑）心（锌）烦（钒），太（钛）稀里糊涂（稀土）啦！

袭人：为什么？

贾宝玉：因为林（磷）妹妹（煤）喜（锡）欢木（钼）工（汞）。

哈哈，你看这个场景是不是非常有意思？我相信你只需要读一遍就能够把这个情景记住，但记住了故事还没有结束，须把故事场景关键字转化成原有记忆内容。

其实你看，这些内容都可以运用情景想象的方式进行联想加工，如果觉得联想难度偏大，在加工时，可调整记忆内容词组之间的位置。总之，在我们记忆学科知识点的时候只要肯动脑筋，大胆想象，就能创造出适应自己的方法，做到记而不忘，生动有趣，达到事半功倍的理想境界。

3.用情景记忆写作文

其实情景记忆法不仅能够拿来记忆知识点，还可以用于写文章。小学生都爱听故事，尤其爱听老师讲自己小时候的故事。根据他们的年龄特点，可以在指导他们写作时，讲述一些自己的故事来感染他们，从而写出真情实感的文章。

在我上课时，有一位三年级的同学跟我说，他们语文老师这周要求写一篇作文《我的妈妈》。你看，他此时就能借助情景记忆去回忆，从妈妈的年龄、外貌、性格、发生某件事之后的心理神态等角度书写。

思考一下：如果让你用情景记忆法来记忆古诗《寒食》，你将怎么来记忆？

寒食

[唐]韩翃

春城无处不飞花，寒食东风御柳斜。

日暮汉宫传蜡烛，轻烟散入王侯家。

第三节 组块记忆法：7±2数字效应，藏着短期记忆和注意力广度的秘密

记忆力不好、背诵知识慢，这是很多学生在学习中会遇到的困难，也是众多家长烦恼的问题。记忆可以从不同角度进行分类，心理学家根据信息保持时间的长短，把记忆分为瞬时记忆，短时记忆和长时记忆3个类别。

瞬时记忆：这种记忆是一瞬间所记忆的事情，记得快，忘记得也很快。

短时记忆：这种记忆指你看过一遍的内容，最多能记住多少。

长时记忆：这种记忆仿佛已经深入人心，就像记住父母姓名一样，一直不会忘。

如何理解这三者之间的关系呢？下面这个故事就很好地说明了这三者之间的关系。

新学期开学了，幼儿园的老师拿出来一堆卡片给小朋友看（瞬时记忆），过了一会儿，老师说给大家2分钟记住它（短时记忆），其中有车标、国旗、水果、红绿灯等。2天后，老师让小朋友们说出之前看过的卡片（长时记忆）。记忆的路径如图2-4所示。

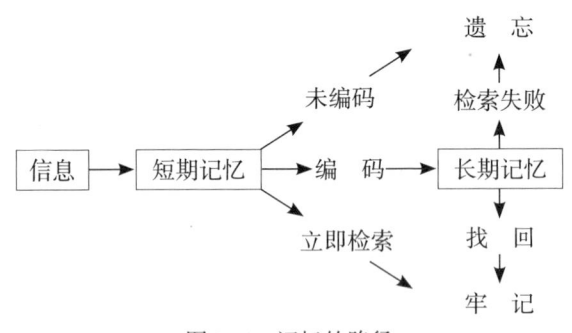

图2-4 记忆的路径

1.短时记忆的秘密

记得在我以前上的一堂课上，上课的老师在电子屏上放出一张图片（图2-5），然后问："快速地回答我，图中有多少只蚂蚁"。全场近300人，超过5成的同学都在10秒之后才回答出正确的数量。紧接着，他又放出另一张图片（图2-6），问：

"有多少只蚂蚁?"你猜结果如何?几乎在放出图片的那一刻,全场异口同声地说出了正确的答案。

第一次与第二次的差距为什么会这样大呢?根本原因就在于第二次对材料进行了分组。

图2-5 乱序分配蚂蚁图

图2-6 按组块分配蚂蚁图

这样的案例其实还有很多:

一位小学数学老师正在办公室备课,与他一同待在办公室的还有一位特别活泼、好动的小男孩。小男孩的好动干扰到了这位备课的老师。因此,老师想出来一个法子,拿了一张A4大小的世界地图,把它拆成了很多小块,让这个小孩用一个下午的时间拼好,可谁想到,这个男孩用了不到30分钟的时间就完成了拼图。这位老师惊呆了,认为这简直是一个奇迹,便开始询问他怎么做到的。

小男孩说:"这个地图的背面是一个卡通人物,我可以先拼这个人的头、手、脚，当这个人组合好了之后，我就把它反扣过来。"

你看，这个小男孩通过逆向思维加组块结构法找到了解决问题的关键。对于我们来说，组块化就是让头脑中的信息组块，按照有意义的方式形成一个具有逻辑性的画面，帮助我们更好地理解新知识。

经过理解、练习后，新的知识就会形成一个新组块，存入我们的长期记忆，参与到下一次的组块化中。

其实，组块记忆这一概念最早是由美国心理学家米勒提出的，他在《奇特的数字7±2》一文中，明确提出了短时记忆的容量为7±2，在这里所说的容量"7±2"是以单元来核算的，可以是词组、古诗、句子等。但根据最新研究报告，人的短时记忆数量在4个左右。

例如，我们在记忆手机号码的时候会习惯性地分为3—4—4；《百家姓》也是每4个姓断为一句：赵钱孙李，周吴郑王……

2. 大师们的组块分类记忆

在《刻意练习》一书中，作者用国际象棋大师、一级棋手、新人做了一个完整棋局的摆盘与复盘对比，发现国际象棋大师的复盘率是一级棋手、新人的3.5倍。而当实验者任意摆放棋子，再让3类选手进行摆盘及复盘时，国际象棋大师与一级棋手、新人的复盘率相当。

为什么两次的测试结果差距会如此明显呢？主要的原因在于，国际象棋大师已经在自己的大脑中储存了几万个棋局组块，在复盘完整棋局时，通过对棋盘上的棋子位置进行组块、编码，记忆效率大幅提高。

大师胜于新手之处，就在于他们懂得辨认棋局组块，当然，前提是棋子遵循一定的模式排列。推广到一般的学习中，我们也可以把一定的记忆材料分成适当的组块。

组块分类法有两种情况，一种是有意义材料的分组分类，一种是无意义材料的分组分类。

3. 有意义材料的分组分类

有意义材料是指材料本身具有一定的内在规律。在识记的时候，通过分析找出内在联系,然后分成一定的组或类,记忆的效率就会大幅提高。

例如,记忆一组数字:3691215182124273033,你如果死记硬背,需要不少时间才能把它记住;但是你若仔细观察,并对其进行划分(3 6 9 12 15 18 21 24 27 30 33),你就会发现它们是按顺序排列的3的倍数,一下就能记住了。

再如,给你以下的词:天鹅、铅笔、哈士奇、警察、奶油、老虎、橡皮擦、苹果、台灯、蛋糕、教师、作家。

如何才能快速记住它们呢?如果你仔细分析一下,就会发现它们可以分为4类,而且每类恰好由3个词组成,这样一来记住它们不是很容易吗?

食物:奶油、蛋糕、苹果

动物:天鹅、哈士奇、老虎

职业:教师、作家、警察

学习用品:铅笔、橡皮擦、台灯

这种技巧在学习中也能经常使用,比如,记忆历史人物、事件、意义等。很多学科知识点都可以通过分组画表的形式整理出来。以近代中国的不平等条约为例,整理了一张表格,如表2-1所示。

表2-1 近代中国签订的不平等条约

战争名称	时间(年)	签约方	条约
鸦片战争	1840—1842	中、英	《南京条约》
第二次鸦片战争	1856—1860	中、英、法、俄、美	《天津条约》
甲午中日战争	1894—1895	中、日	《马关条约》
八国联军侵华战争	1900	俄、德、法、美、日、奥、意、英	《辛丑条约》

4.无意义材料分组分类

对于那些没有内部规律的零散材料,我们就不好运用正常的分组分类法了。一般来说,使用分组分类法有这样两个原则需要注意:一是组块划分不能过大,最好不要超过7个单位;二是划分后的组块应便于使用,对于抽象化的内容转化时,需要对其形象化、意义化。

比如，在记忆化学元素周期表的前20位元素名称时，可采用5个一组的分组法：氢氦锂铍硼，碳氮氧氟氖，钠镁铝硅磷，硫氯氩钾钙。其中"氖"和"钙"正好押韵，这种方法也叫口诀法，我们自己也可编。编的时候，有时为了工整、押韵，可以填上几个辅助字词，或换上个别谐音字，只要不造成误解就行了。

在转化过程中，完全不用去考虑信息和具体事物的形象之间，是否具有逻辑关系，它不一定是在人们印象中的那种正常的联想，可以是滑稽的，也可以是可笑的，甚至可以是牵强附会的。总之，只要联想出来的东西对记忆信息有帮助，没有任何形式的限制（在后面的章节都会一一讲解）。

思考一下：在生活中，你是怎么使用组块记忆来进行思考的？如果让你利用组块记忆的方法，针对以下的词语进行分组，你会怎么做？

狐假虎威	万里无云	天寒地冻	张灯结彩	狗急跳墙
云淡风轻	狼心狗肺	欢天喜地	马到成功	

本章总结

本章的内容主要从学生本身熟悉的记忆方法入手，讲解了学校老师常用的理解记忆法、情景记忆法、组块记忆法3大记忆方法。在学习理解记忆法的过程中，要知道理解后再记忆的效果远好于机械记忆，同时，记忆数学公式最好的方法是借助图形进行推理；如果遇到的材料有较多的情景，我们就可以利用情景记忆法进行记忆，可如果是在记忆的过程中又遇到了材料太长、太杂乱等问题，就可以利用组块记忆法，对材料进行分组。

作者答疑：如何区分情景、程序、语义记忆

一个学习过2年记忆法的同学来问我："李老师，我学习记忆方法后，学习效率大幅提升了。可是最近我们学校的舞蹈老师说我们'这些简单的舞蹈动作都需要记这么长的时间，那你们在面对学科知识中的语义知识又该怎么办呢？'李老师，我怎么没有听你讲过这个？"

作者答疑：

你们的舞蹈老师能讲出语义记忆这个词，我真为你们感到开心，我想她一定在记忆心理学上研究得比较深，后面可以多向她请教舞蹈和学习上的事情。其实，记忆不仅可以分为瞬时记忆、短时记忆、长时记忆，还可以分为情景记忆、语义记忆、程序记忆，而它们记忆的难度可以这样来排序：情景记忆＜程序记忆＜语义记忆。

我给你找几道测试题，你很快就能理解。

1. 情景记忆测试：

你出生的地方是哪里？

你最喜爱的玩具是什么？

你小学时的绰号叫什么？

你回想一下，打开你家大门首先会看到什么？它是什么颜色的？

2. 程序记忆：

这就类似于你在学校上舞蹈课程，你的老师给你讲第一个动作、下一个动作、最后一个动作是什么。当你上完舞蹈课程，晚上睡觉时，回想一遍老师讲给你的动作要领、指导情景，就能非常快地学会。

3. 语义记忆测试：

大陆板块说是谁提出的？

离太阳最近的行星是哪一颗？

看，这就是3大记忆类型，而在学习时，我们更多接触的是语义记忆，因此你需要动动脑筋怎么来提升自己的语义记忆能力。

作者答疑：你擅长哪种记忆类型

三年级的小玲从小就喜欢听妈妈讲故事，而且不用听太多遍就能将妈妈讲的故事复述出来。这让妈妈一直都认为，小玲的记忆力是很好的。

一天，小玲带着好朋友花生来家里玩，突然想起老师让大家背诵一篇小课文。两个人拿出短文，说要比比看谁背得快。结果，花生看了几遍就把短文背下来了，可是小玲看了一遍又一遍，就是记不住。

看到这样的情况，妈妈感觉很疑惑，心想："小玲这孩子的记忆力很好，按说这么短的文章应该一看就会，可为什么她看了那么多遍，总背不下来呢？"后来，妈妈经过观察发现，如果让小玲自己看课文，她往往看很多遍都记不住，但如果读给她听，她基本听上几遍就记住了。

作者答疑：

在前面的内容中，我们知道了人具有视觉、听觉、触觉、味觉、嗅觉这5种感觉，并通过它们去接触事物、记忆事物。然而，对每个人来说，这5种感官的敏感程度是不同的，于是也就有了不同的记忆类型。

一般来说，记忆类型通常有视觉型、听觉型、运动型和混合型4种类型。

视觉型，即主要借助视觉来记忆事物。几乎有80%的孩子属于视觉记忆型。有趣的是，即使同是视觉记忆型，不同孩子的记忆重点也有可能不同。例如，有些孩子对颜色敏感，而有些孩子对形状敏感。通常，学龄前的孩子以听觉记忆为主，上学后视觉记忆能力会逐渐增强。

听觉型，即主要借助听觉来记忆事物。听觉记忆型的孩子对音乐十分敏感，有很强的节奏感和旋律感。如今，很多孩子从小就接触并喜欢上音乐，因此听觉记忆型的孩子逐渐增多。通过训练也可以加强听觉记忆能力。

运动型，即主要借助动作来记忆事物。运动记忆型的孩子手很灵巧，能够快速记住做过的各种动作或技巧。这种记忆类型的特点是通过全部身体器官的活动来记忆，一旦记住就变得十分牢固。例如，游泳、滑冰、骑自行车等动作，孩子一旦记住便会终生难忘。

混合型，即通过视觉、听觉、运动等方式综合记忆事物。可以说，每一个孩子都是混合记忆型类型的人，都要通过读、听、写来对事物建立立体印象，但每个孩子对于不同记忆类型的依赖程度是不平衡的，大部分孩子都偏向于某种类型。

那么在学习的过程中就需要先了解自己擅长什么类型，有意识地用最擅长的记忆方式去记忆事物。此外，也要提高弱势记忆方式，如果是视觉记忆能力较差，那就多进行一些视觉记忆的练习；如果听觉记忆能力差，那就多进行一些听觉记忆的练习。这样便能通过各种记忆方式，更好、更快地记忆了。

第三章

打开哆啦A梦的
记忆口袋

  我相信在座的各位同学都非常熟悉《哆啦A梦》这部动漫，每当大雄不知所措的时候，哆啦A梦都会打开它那神奇的四次元口袋，让大雄感受到温暖。而如何更好地去练习记忆法，提升学习成绩呢？我把这些锦囊妙计放进了哆啦A梦的这个口袋里。这个口袋里充满了神秘感，但有一点是可以肯定的，打开这个口袋，能够让我们更好地去学习与生活。

第一节　明确学习动机，拒绝做"记忆僵尸"

大脑的工作要顺利展开，需要有一定的目标和动机。学生记得最多的就是学习内容，所以要明确自己学习是为了什么。有了记忆的动机，注意力就会格外集中，记忆的内容也能保持长久。

在这里，需要强调的是，学习一定是心甘情愿的，最好是快乐的，只有喜欢才会有记忆的动力。

1. 明确学习的动机

美国心理学家威廉·詹姆斯说："天才的本质，在于懂得哪些是可以忽略的。"明确学习的意图极其重要。在学习的过程中，很多同学可能心里都有一个观念："我是在为父母学习，为老师而学习。"

真的是这样的吗？其实并不是。我给大家分享一下，我在高中学习绘画，是如何通过2个月的时间由班级倒数，到年级前十的。

我就读的高中是一所乡镇学校，每年只有30%的本科上线率。高中二年级时，我们就被按成绩分为了文化班和艺术班。而我就被迫进入了一个七十多人的美术班。上美术专业课时，我很难听懂老师在讲什么，以至于每次画的作品都被归为最差的那一行列。当我看到父母为了我的学习费用四处奔波时，我非常难受。我想，他们为了我付出了这么多，我却还不努力，实在是对不起他们；而我以后若也成为他们那样，我又该怎么办？

想清楚学习是为自己这一点后，老师讲的内容我也能更加明白了，也能够更好地去记忆了。我也开始用各种方式来弥补自己的弱项，比如，别人早晨6点半起床，我就6点起；别人一天画3张作品，我就画5张，等等。就这样，2个月后的一次全校美术考试中，我拿到了全校前十的成绩。

所以你看，记忆能力差，源于没有明确的学习意图。不少同学也抱怨自己的记忆能力太差，其实这主要是因为学习的动机和目的不端正，缺乏强大的动力，不善于给自己安排具体的学习任务。

在学习时，没有"一定要记住"的紧迫感，注意力就不容易集中，记忆效果就很差。反之，有了"一定要记住"的认识，又有了"一定能记住"的信心，记忆的效果一定会好的。

原南京工学院讲师韦钰到德国进修，靠着原来自修德语的一点基础，仅用了4个月的时间就攻下了德语关，表现出惊人的记忆能力。这种惊人的记忆力与一定要记住的紧迫感有关，而这种紧迫感来自韦钰的研究动机。

韦钰的事例证明了，记忆的任务明确、目的端正，就能发掘出各种潜力，从而取得较好的记忆效果。

基于以上原因，我们在学习之前应该想清楚，自己学习到底是为了谁。而学习动机是与人所处的环境、态度、意志等相关的。

当我们懂得学习的意义后，便会对记忆产生积极的态度，那么你的学习效率将大幅提升。

2. 拒绝做"记忆僵尸"

我们要明确：好的记忆力并不是天生的，而是可以通过后天培养的。

我们在学习的过程中，如果不重视记忆方法和技巧，我们的记忆会逐渐僵化，一旦形成恶性循环，将对学习非常不利。而在提高记忆力的过程中，我们一定要结合自己的特点来学习，每个人都有适合自己的记忆方法，并非所有的方法都适合你。

在学科考试中需要记忆的内容各有特点：

- 我们需要记忆填空题、选择题，区分清楚容易混淆的知识点。
- 我们需要记住大量的简答题、问答题，每一个答案都能清晰地回想起来。
- 我们需要记忆大量的人名、历史年代、各种事件。
- 我们需要记忆大量的数字资料、无规律数字信息等。
- 我们需要记忆诗词、文章，需要灵活运用抽象、艰涩难懂的专业知识。

根据需要记忆的内容的特点，采用适合自己的记忆方法，避免成为一名"记忆僵尸"。在后面的章节中，我会给同学们针对以上的问题进行解答。当你开始逐渐重视记忆力的训练后，你的大脑也将比之前更加清晰，你也有可能会成为记忆大师、学习超人！

此外，当你学会记忆方法以后，你需要注意的是，不要为了记忆而去记忆。在学习中，经常有学生来找碴："老师，你不是记忆大师吗？你能把我们初中的全部语文书记下来吗？"你看，这个同学就是没有明白记忆的动机是什么。

总之，要使自己真正成为记忆高手，成为记忆方面的天才，你首先要做的就是有一个明确的学习动机，其次需要在记忆的过程中有选择性，找到适合自己的方法，并抓住最有用的知识进行记忆，让自己的学习效率达到最高。

当你明白了学习动机的重要性后，请你思考一下：你学习的目的是什么？有没有制订过学习目标？为了这个学习目标你做出过哪些努力？然后把你的分享发在"豪杰之李"公众号上与大家一起交流学习。

第二节　记忆的前提：专注力训练

记忆力和专注力关系紧密，我们在学习中需要有很好的专注力。这说起来很容易，但是做起来很难。比如，我们上课过程中或多或少都会开小差，自己做作业的时候也会被周边的人或事干扰，思路会被牵引。

古代有个寓言叫《学弈》，大意说的是两个人同时向当时的围棋高手奕秋学围棋，这两个人虽然一起学习，但一个专心致志，另一个则总是想着射鸟，结果二人的棋术进展可想而知。

这则寓言告诉我们，学习成绩的差距很多时候并不是智力差距造成的，而是由注意力程度的差距造成的。只有集中注意力，才能获得令人满意的学习效果。

1. 学习不可"一心多用"

很多同学都有过无法集中注意力的时候，那么如何延长注意力集中的时间，提高专注力呢？休息是第一步！只有精神状态良好，才能专注于某一件事情。在学习中，有的学生整天都精神饱满，似乎有用不完的精力；有的学生整天昏头昏脑，总是提不起精神。这主要跟睡眠习惯有关，没有得到充分的休息，身体自然要提出抗议。

在学习上，我们不能去考验自己"一心多用"的能力，因为看似同时做了几件事，但是实际上并没有提高效率，反而影响了大脑的正常运行，对大脑造成一定的负担。

我上高中时，也有过一边做作业，一边看电视的"尝试"。后来我发现，虽然写着字，但写的内容一点质量都没有，事后更是没有什么印象。为什么要做作业？为了完成任务还是巩固知识点呢？缺乏专注力地完成作业，只是完成了任务，却没有巩固知识点，这是舍本而逐末。

用时间节点可以有效帮助我们培养专注力，比如，这周末的作业有一张英语试卷和一篇语文作文，那么就可以给自己一个完成作业的时间限制。

我通常会分成两个时间段来学习，做英语试卷1小时，语文作文50分钟。然后把其他的电子设备都抛开，放置一个计时器在身旁，保证自己在限制时间内高效完成，不能因为一些琐事而中断。两个时间节点之间可以有10~15分钟来做调整，吃东西或者放松。

这种时间节点的训练方式能帮助我们高效完成学习任务，更能训练专注力。

2. 专注力练习小游戏

在学习中，也可以通过一些游戏来训练专注力，下面简单介绍几种训练注意力的方法：

训练1：

打开手机，任意播放一个视频（可以是文章阅读、新闻联播、冥想词等），把视频的音量调到刚好能听清楚的程度，认真地听，听2分钟后回忆刚听到的内容（时间也可以慢慢地延长至5、10、15分钟）。

训练2：

在桌上摆三四件小物品，如瓶子、笔、书本、水杯等，对每件物品进行追踪思考各2分钟，要求是在2分钟以内思考与某件物品有关的一系列内容。比如，思考瓶子时，想到各种各样的瓶子，想到各种瓶子的颜色，想到瓶子的用途等。这时，控制自己不想别的物品，2分钟后，立即把注意力转移到第二件物品上。开始时较难做到迅速转移注意力，但如果每天练习十几分钟，2周后情况就大有好转了。

训练3：

盯住一张画，然后闭上眼睛，回忆画面内容，尽量做到完整。例如，画中的人物、衣着、桌椅及各种摆设。回忆后睁开眼睛再看一下原画，如不完整，再重新回忆一遍。这个训练既可培养专注力，也可提高想象能力。（大家可以拿编码图像来进行训练。）

训练4：

准备一张白纸，用7分钟时间，写完1~300这一系列数字。测验前先练习一下，感到书写流利、很有把握后再开始，注意掌握时间，越接近结束速度会越慢，稍微放慢就会写不完。一般写到199前每个数字花费不到1秒钟，后面的数字每个花费超过1秒钟，另外换行书写也需花时间。

测验要求：书写的数字不能过分潦草；写错了不许改，也不许做标记，接着写下去；到规定时间，如写不完必须停笔。

结果评定：第一次差错出现在100以前为注意力较差；出现在101~180中为注意力一般；出现在181~240中是注意力较好；超过240才出差错或完全正确是注意力优秀。

总的差错在7个以上为较差；错4~7个为一般；错2~3个为较好；只错1个为优秀。当然你通过这样的练习以后，还可以去游乐场玩"写数字，抱大熊"的游戏。

学会了专注力训练的方法，现在你可以测试一下自己的专注力，然后把这样的训练方式迁移到自己的学习任务中去，然后把自己的训练心得分享在"豪杰之李"公众号中，与大家一起交流学习。

第三节　记忆的魔法：想象力训练

记忆力和想象力是相辅相成的。一个人具有十分活跃的想象力，他就很难不具备强大的记忆力，良好的记忆力往往与强大的想象力联系在一起。

韩信是中国历史上有名的将领。有一天，刘邦想试一试韩信的智谋。他拿出一块五寸见方的布帛，对韩信说："给你一天的时间，你在这上面尽量画上士兵。你能画多少，我就给你带多少兵。"站在一旁的萧何想：这一小块布帛，能画几个兵？急得暗暗叫苦。不承想，韩信毫不迟疑地接过布帛就走。第二天韩信按时交上布帛，上面虽然画了些东西，但一个士兵也没有。刘邦看了却大吃一惊，心想韩信的确是一个胸有兵马千万的人才，于是把兵权交给了他。

那么，韩信在布帛上究竟画了些什么呢？原来，韩信在布帛上画了一座城楼，城门口战马露出头来，一面"帅"字旗斜出。虽没见一兵一卒，却可想象到千军万马。

想象力是引爆记忆潜能的魔法。客观事物之间有着千丝万缕的联系，如果我们通过想象把知识联系起来，就会增强记忆。想象通常与具体的形象联系在一起，比如，爱的象征是一颗心，和平的象征是鸽子等。

1. 发挥想象力其实就是编故事

我们在学习过程中，经常会遇到这样的情况：某个需要记忆的知识点，非常抽象，既难以理解，也缺乏趣味，所以只好死记硬背。这时候想象力就派上了用场，运用想象把没有实际联系的事物与我们熟悉的物体结合起来，自然就能顺利记忆下来。

发挥想象力其实就是编故事，而这个故事中的各个事物只须在你的知识体系中建立关系，无须合乎情理与逻辑，只要你自己懂就行。

那对于学生而言，怎样发挥想象力呢？发挥想象力最重要的一点就是把抽象的事物转化为具体的事物，利用事物间的联系。

比如，新学期，你要记住你同桌的名字，他叫李秋生，那就可以想象成：你的同桌是在立秋时节生的。再如，我们学习过英语单词ball（球），就可以联想到basketball（篮球）、football（足球），再利用想象力把它们组合成一句话。

当我们有意锻炼自己的想象力时，不要担心自己的想象太过夸张或愚蠢，更不要怕因此而招来的一些讽刺，最重要的是要让这些形象在脑中清楚地呈现，尽力把动的图像与不同的事物联系起来。想象力不但可以充分调动起我们记忆的知识，还可以让你的记忆力得到很大的改善，知识也比以前记得更牢固。

2. 想象力练习小游戏

爱因斯坦曾说："想象力比知识更重要，因为知识是有限的，而想象力概括着世界上的一切，推动着进步，并且是知识进化的源泉。"这一论述表明了想象力在人类的科学进程中的重要性。下面推荐几种在家也可以提高想象力的训练：

训练1：

在脑海里想象你正在一座开满玫瑰花的山上，山上飘荡着浓郁的玫瑰花香味。花香对你会有什么作用？在这种情况下你会干什么？滴一滴麝香会发生什么？然后再想象满满一湖的麝香会产生多么浓烈的香味？再次发挥想象力，想象一片森林里小鸟婉转啼唱，此起彼伏，非常热闹的情形。

训练2：

用3分钟时间，用想象的方法将下面8组词联想在一起记忆。

轮胎—香肠	长江—武汉	黄河—牡丹	白菜—鸡蛋
火车—高山	鸡毛—钢笔	轮船—馒头	楼梯—花盆

通过以上2个方面的训练，可以有效地提高想象力，从而间接提高我们的记忆力。你现在掌握了想象力训练的技巧，现在就请你做一个小练习，找到你正在学习的一个知识，运用想象力把它记住。然后把自己的训练心得分享在"豪杰之李"公众号中，与大家一起交流学习。

第四节 记忆的基石：观察力训练

观察能力是大脑多种智力活动的基础，也是记忆和思维的基础，对于记忆有着决定性的意义。在记忆的第一阶段必须要有感性认识，而只有强烈的印象才能加深这种感性认识。

王戎是西晋时期的一位大将军，他幼年时就很聪明，注意观察和思考。

有一次，王戎和一群小伙伴到郊外游玩，当时正是李子成熟的季节。王戎和伙伴们走了很长时间，累得口干舌燥，突然看到不远处的路边有一棵高大的李树，都争先恐后奔向前去。那棵李树十分高大，枝头挂满了紫色的大李子，非常诱人。小伙伴们来到树下，各显其能，有的爬上树摘李子，有的用石块打枝头的李子。只有王戎一个人坐在路边休息，小伙伴们见了很奇怪，就问他："你不想吃李子吗？"王戎微笑着说："我当然想吃了，但是这棵树结的李子是苦的。"可是大家不相信他的话。费了很大的力气，终于有一个伙伴够到了一个李子，他高兴地咬了一大口，连忙吐出，"哇，这么苦啊！"并将剩余的部分扔了。别的小伙伴中也有人尝到了苦李子，大喊上当。

大家都很奇怪，就围着王戎问："你也是头一次来，怎么会知道这棵树上的李子是苦的呢？"王戎回答说："树长在路边，天天有人从这里经过，如果李子是甜的，早就被人摘光了，还能挂满枝头？"小伙伴们这才醒悟，个个都敬佩王戎。

达尔文曾对自己做过这样的评论："我既没有突出的理解力，也没有过人的机智，只是在观察那些稍纵即逝的事物并对其进行精细观察的能力方面，我可能在众人之上。"我们应该向达尔文学习，不管记忆最终会产生什么效果，前提是要仔细地观察，只有这样做才能在脑海中形成深刻的印象。

1. 随时训练你的观察力

善于观察的人容易把握事物的基本特征，对观察过的事物都会有深刻的印象。学科学习也对我们的观察能力进行了考核，比如，物理、化学或生物的一些题型与实验过程和现象有关，而了解实验过程离不开观察，它对于我们考试解题非常关键。

老师给上初一的侄子布置了一项家庭作业：在家蒸煮一样食物，并观察它的变化。我这侄子是在爷爷奶奶的保护下长大的孩子，根本不懂得如何蒸煮食物，但通过完成这一次老师布置的作业以后，他不仅学会了一项技能，还通过观察，写出了一篇不错的文章。

在日常生活中，你可以经常通过做一些小的练习训练观察力，比如，读完一篇文章后，试着把自己读到的情节记录下来，用自己的语言将其中的场面描绘一番。这样你就可以测试自己是否能把最主要的部分准确地记录下来，从而在一定程度上锻炼自己的观察力。这种训练可以称为"描述性"训练。

为达到更好的训练效果，我们应该在平时处处留心，比如，我们每天会碰到各种各样的人，当你见到一个很特别的人之后，不妨在心里描绘那人的特点。又如，在吃午饭时，我们仔细地观察盘子，然后闭上眼睛放松一会儿，运用记忆再复制的能力在头脑里看到这个盘子。一旦我们在头脑里看到了它，就睁开眼睛，把大脑中的盘子和实际的盘子进行比较，然后再闭上眼睛修正这个图像，用几秒钟的时间想象，不断重复这个过程，就能校正你在想象中可能不准确的地方。

2.观察力练习小游戏

科学家发明新事物离不开出色的观察力；画家画一幅画离不开出色的观察力；每个人在学习及工作中都离不开观察力。进行观察力训练，是提高观察力的有效方法。下面给大家介绍几种行之有效的训练观察力的方法。

训练1：

选一个静止的物品，如一幢楼房、一个池塘或一棵树，对它进行观察。对观察物的形、声、色、味进行说明或描述。这种观察可以进行多次，直到自己能抓住观察物的主要特征为止。

训练2：

选一个目标，像电话、收音机、简单机械等，仔细看几分钟，然后等上大约一个钟头，不看原物画一张图。把你的图与原物进行比较，注意画错了的地方。最后不看原物再画一张图，把画错了的地方更正过来。

训练3：

随便在书里或杂志里找一幅图，看几分钟，尽可能多观察一些细节，然后凭记忆把这幅图画出来。如果有人帮助，你可以不必画图，只要回答你朋友提出的有关图片细节的问题就可以了。问题可能会是这样的：图中有多少人？他们是什么样子？穿什么衣服？衣服是什么颜色？有多少房子？图片里有钟吗……

训练4：

把练习扩展到一间房子。开始是你熟悉的房间，然后是你只看过几次的房间，最后是你只看过一次的房间，每次都要描述细节。不要满足于知道在西北角有一个书架，还要回忆一下书架有多少层，每层估计有多少书，是哪种书，等等。

现在你知道观察力对我们记忆的重要性了，同时也掌握了观察力训练的技巧，现在就请你再做一个小练习：找一颗种子，进行培育，写一篇发芽日记，看看能否跟学过的知识联系起来。你可以把自己的观察心得分享在"豪杰之李"公众号中，与大家一起交流学习。

第五节　记忆的向导：思维力训练

思考是一切智力活动的基础，是深刻理解的过程。积极思考是记忆的前提，深刻理解是记忆的最佳手段。

在识记的时候，思维会将信息快速地安顿在"大脑记忆库"中的相应位置，与原有的知识结构进行有机结合。

在回忆的时候，思维又会从"大脑记忆库"中查找，以尽快地回想起来。

思维对记忆的向导作用主要表现在以下几点：

1. 思维方法与记忆

思维的方法很多，这些方法都与记忆有关。我们该怎样积极地进行思维活动呢？下面推荐给你4种思考方法：

多思

多思指思维的频率高。对于复杂的事物，思考无法一次完成。古人在遇到重大事件时都会说："三思而后行。"同样，我们完全可以针对记忆来个"三思而后记。"反复思考，一次比一次想得深，一次比一次有更好的新见解，不止于一次思考，不满于一时之功，在多次重复思考中参透道理。

苦思

苦思是指思维的精神状态深刻。思考，往往是一种艰苦的脑力劳动，要有执着、顽强的精神。《礼记·中庸》有言："博学之，审问之，慎思之"，意思就是要博学多才，就要在学习时慎重地思考，彻底搞懂。这表明古人有"打破砂锅问到底"的决心。

据说，黑格尔就有这种苦思冥想的精神。有一次，他为思考一个问题，竟站在雨里一个昼夜。苦思的要求就是不做思想的怠惰者，经常运转自己的大脑，战胜思维过程中所遇到的艰难困苦。

精思

精思是指思维的质量高。思考的时候，只粗略地想一下，或大概地考量一番，是不行的。朱熹非常讲究"精思"，他说："精思，使其意皆若出于吾之心。"什么意思呢？简单来讲，精思就是要融会贯通，使书中的道理如同我讲出去的道理一般。思不精怎么办？朱熹还说："义不精，细思可精。"那就需要细思，面对一个问题时要全面地思考，克服想不到、想不细、想不深的毛病，以便在思维中多出精品。

巧思

巧思是指思维的科学态度灵活。我们提倡的思考，既不是漫无边际的胡思乱想，也不是钻牛角尖，它是以思维科学和思维逻辑作为指南的一种思考。只有经过积极思考去认识事物，才能快速地记住事物，把知识变成对自己真正有用的东西。我们努力完善自己的思维能力，这无疑也是在发展自己的记忆力，加快自己的记忆速度。

秀才做梦

古时候，有位秀才第三次进京赶考，住在一个曾经住的店里。考试前他接连做了3个梦：第一个梦是梦到自己在墙上种白菜。第二个梦是下雨天，他戴了斗笠却还打着伞。第三个梦是梦见他和自己喜欢的女子背靠背睡在床上。

这3个梦似乎都有些深意，秀才第二天就赶紧去找算命的解梦。算命的一听，连拍大腿说："你还是回家吧。你想想，高墙上种菜不是白费力气吗？戴斗笠打雨伞不是多此一举吗？跟喜欢的女子睡在一起却背靠背，不是没戏吗？"秀才一听，心灰意冷，回店收拾包袱准备回家。

店老板非常奇怪，见了问什么原因，秀才就一五一十地告诉他原委。老板听罢不以为然，说道："哟，我也会解梦。我倒觉得，你这次一定要留下来。你想想，墙上种菜不是高种（高中）吗？戴斗笠打伞不是说明你这次有备无患吗？背对着你喜欢的女人，不是说明你翻身的时候就要到了吗？"

秀才一听，这种解释更有道理，于是精神振奋地参加考试，中了个探花。

2.改善思维习惯，打破思维定式

一般来说，思维定式具有两个特点：一是它的形式结构化；二是它具有强大的惯性。思维定式是一种纯"形式化"的东西。什么意思呢？简单来讲，思维就是空洞无物的模型，只有思考的对象填充进来以后，才会显示出思维定式的存在，没有现实的思维过程，也就无所谓思维的定式。

人一旦形成了思维定式，就会习惯地顺着定式思考问题，不愿、也不会转个方向，换个角度想问题，这是很多人都有的一种愚顽的"难治之症"。

比如，我们对魔术表演感到惊奇，不是因为魔术师有什么特别高明之处，而是因为我们的思维过于定式，想不开，想不通，所以上当了。换一种思考以后，魔术就不再神奇了。

思维定式会使学生以较固定的方式去记忆，不仅会阻碍学生采用新方法记忆，还会严重影响记忆的准确性，不利于提高记忆效果和学习成绩。因此，中小学生在学习记忆的过程中，应有意识地打破自己的思维定式。

那么，如何突破思维定式呢？我们可从以下几个方面入手：

（1）突破书本定式

有位拳师，熟读拳法，与人滔滔不绝地谈论拳术。拳师参加拳法比赛，也确实战无不胜，可他就是打不过自己的老婆。拳师的老婆是一位不知拳法为何物的家庭妇女，但每当们夫妻打起来时，总能将拳师打得抱头鼠窜。

有人问拳师："您的功夫都到哪里去了？"

拳师恨恨地说："她每次与我打架，总不按路数出招，害得我的拳法都没有用处！"拳师精通拳术，战无不胜，可碰到不按套路出招的老婆时，却一筹莫展。

"熟读拳法"是好事，但拳法是死的，如果盲目运用书本知识，一切从书本出发，以书本为纲，脱离实际，那么在遇到变化莫测的实际情境时就会失败。

知识就是力量。但如果是死读书，只限于从教科书的观点和立场出发去思考，不仅不能给人以力量，反而会抹杀我们的创新能力。所以我们在学习新知识的同时，应保持思想的灵活性，注重学习基本原理而不是死记一些规则，这样知识才会有用。

（2）突破经验定式

在科学史上有着重大突破的人，几乎都不是当时的名家，而是学问不多、经验不足的年轻人，因为他们的大脑拥有无限的想象力和创造力，什么都敢想，什么都敢做。下面的这些人就是最好的例证：爱因斯坦26岁提出狭义相对论；贝尔29岁发明电话；西门子19岁发明电镀术等。

伽利略比萨斜塔实验的故事

传说在1590年，年仅26岁的伽利略在比萨斜塔上进行了自由落体实验。他特意邀请了一些大学教授来观看，许多人也闻讯前来围观。

只见伽利略身带两个铁球，一个重45.4千克（100磅），一个重0.454千克（1磅），像出征的战士一样，威武地登上塔顶。当他向人们宣布，这一大一小的两个铁球同时下落，将会同时着地的时候，塔下面的人像开了锅似的议论开了："难道亚里士多德真错了？这是绝对不可能的！""这家伙准是疯了！"……

伽利略听到这些议论和讥笑，坦然自若，他胸有成竹地大声说："先生们，别忙着下结论，还是让事实出来说话吧！"说完，他伸开双手。两个铁球同时从塔上落下来，只见它们平行下落，越落越快，最后"啪"的一声，同时落地。面对无可辩驳的实验事实，那些亚里士多德的忠实信徒，一个个瞠目结舌，不知所措，只好灰溜溜地走开了。比萨斜塔实验不但推翻了古代权威的错误学说，结束了它对学术界近两千年的统治，而且开创了近代科学实验的新纪元。

（3）突破视角定式

玛迪梅普莱有一个美丽的私人花园，每到周末总会有人到她的花园摘花、拾蘑菇、野营、野餐，弄得花园一片狼藉，肮脏不堪。管家让人围上篱笆，竖上"私人花园禁止入内"的木牌，也无济于事。玛迪梅普莱得知后，在路口立了一些大牌子，上面醒目地写着："请注意！如果在花园中被毒蛇咬伤，最近的医院距此15千米，驾车约半小时方可到达。"从此，再也没有人敢闯她的花园。

这就是变换视角，变堵塞为疏导，果然轻而易举地达到了目的。

（4）突破方向定式

英国讽刺戏剧作家萧伯纳长得非常瘦，一次他参加一个宴会，一位大腹便便的资本家挖苦他："萧伯纳先生，一见到您，我就知道世界上正在闹饥荒！"萧伯纳不仅不生气，反而笑着说："哦，先生，我一见到你，就知道闹饥荒的原因了。"

寓言故事《司马光砸缸》也说明了同样的道理。常规的救人方法是从水缸上将人拉出，即让人离开水。而司马光急中生智，用石块砸缸，使水流出缸，即水离开人，这就是逆向思维。

逆向思维就是对变化进行反向思考，如此往往能出现创新。

小虫蠕动

"二战"时期，一个英国飞行员身上曾发生过一件不可思议的事情：一次，他与伙伴一起在离地面很低的地方对德军阵地实施完空袭之后，开始回到高空中，准备撤离。在他的飞机回到2000米高空的时候，他看到窗外离自己右脸很近的地方有个小东西在蠕动，好像是一只小昆虫。于是，他伸手一抓，就将它抓在了手里。但是，当他伸开手仔细一看，吓了一大跳。你猜他抓到了什么？

故事答案：

原来，他抓到的竟然是一颗子弹。这虽然听上去不可思议，但事实上是可能发生的。子弹刚出膛时的速度一般是每秒800~900米，由于空气的阻力，子弹的速度会逐渐降低，直至和飞机的飞行速度差不多。此时，如果飞机与子弹飞行的方向也相同，那么对于飞行员来说，子弹就相当于是静止的，或者是缓慢移动的，如此一来，飞行员抓住子弹就一点都不困难了。

3.思维力练习小游戏

游戏1：纪晓岚斗莽汉

纪晓岚小时候就聪慧过人。有一天，他对一个目空一切、头脑简单的莽汉说："你虽然厉害，但是我取一本书放在地上，你却未必能跨过去。"莽汉听了大怒，一定要试试看。纪晓岚取出书放好后，那莽汉傻眼了。这是为什么呢？

游戏2：指南针

小明拿着指南针朝北，然后他将指南针向右转了两圈，又向左转了两圈，接着再往右转了一圈半。请问这时候指南针指向了哪里？

游戏3：3杯威士忌

两位父亲各自带着自己的儿子去喝酒，他们要了三杯威士忌。请问他们要怎样才能每人喝上一杯威士忌呢？

训练4：点与线

请用4条直线联结9个点（在图3-1绘制）。

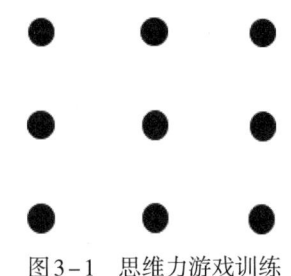

图3-1 思维力游戏训练

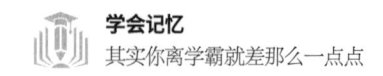

游戏1答案：纪晓岚将书放在墙角，面对着一堵高墙，莽汉自然跨不过去，像泄了气的皮球一样。

游戏2答案：南方，指南针当然是指向南方。

游戏3答案：他们是爷爷、儿子和孙子。

游戏4答案（图3-2）：

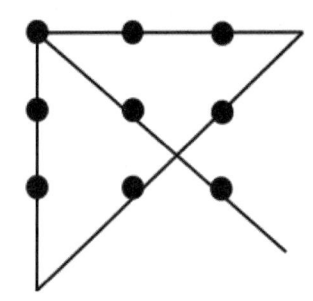

图3-2 思维力游戏训练答案

现在你知道想象力对我们记忆的重要性了，同时也掌握了想象力训练的技巧，那么请你思考一下：在学习中还可以怎样利用想象力来思考？

第六节 有自信，才能更好地提升记忆

自信，在任何时候都十分重要。古人行军打仗，讲求一个"势"字，讲求军队的士气、斗志，如果上至统帅，下至走卒都有雄心霸气，相信自己会在战斗中取胜，那么，他们就会斗志昂扬。最重要的是，这样的"自信之师"是绝不会被轻易击垮的。

1. 记忆与年龄有关吗

经常有职场人士问我："是否存在一个学习效果最佳的年龄段呢？我现在根本就记不住东西。"

答案是肯定的。人在30岁之前能表现出不同寻常的记忆能力，较容易集中精神，并且学习速度很快，在这之后，学习将会变得有些困难，很多人便开始怀疑起了自己。

但我想告诉你，这并没有什么可怕的，只不过为了达到同样的效果，人们需要用更多的时间而已。在15岁时，我们只需要学习3次，就能记住一首诗，而50岁时，我们可以学习10次来记住一首诗。

我还要告诉你的是：年龄大，就有另外的一个优势——一个人年龄越大，所储存的信息就越多。

举一个例子，如果你是一名年轻的编辑，正在跟进一个选题，关于这项任务，你一定比你的主编知道得更多。但是他可能会告诉你，在几年前，一个出版社出版过一本类似的书，这是记忆中经验的作用。

2. 时常保持自信

一位伟大的哲人曾说："谁拥有自信，谁就成功了一半。"可见自信对于一个人是多么重要。一个学生拥有自信就会有强烈的进取精神，不惧怕任何困难，不害怕任何挫折，努力争取实现自己的目标！

然而，在我们身边有许多缺乏自信的学生，他们整日以胆怯面对世界。每日生活在"我不行"的自卑阴影里，难道会有发展吗？

每临事必害怕、退缩，这是在自己成功的道路上设置了"自己"这个最可怕的敌人！分享一个小泽征尔的故事，或许对你有所启发：

小泽征尔的故事

小泽征尔是世界著名的音乐指挥家，一次他去欧洲参加指挥大赛，决赛时，他被安排在最后。评委交给他一张乐谱，小泽征尔稍做准备便全神贯注地指挥起来。突然，他发现乐曲中出现了一点不和谐。开始，他以为是演奏错了，就指挥乐队停下来重奏，但仍觉得不自然，他感到乐谱确实有问题。可是，在场的作曲家和评委会权威人士都声明乐谱不会有问题，是他的错觉。面对几百名国际音乐界权威，他不免对自己的判断产生了动摇。但是，他考虑再三，坚信自己的判断是正确的。于是，他大声说："不！一定是乐谱错了！"他的声音刚落，评判席上那些评委们立即站起来，向他报以热烈的掌声，祝贺他大赛夺魁。

原来，这是评委们精心设计的一个圈套，用以试探指挥家们在发现错误，而权威人士不承认的情况下，是否能够坚持自己的判断。因为，只有具备这种素质的人，

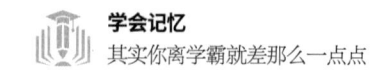

才真正称得上是世界一流音乐指挥家。在三名选手中，只有小泽征尔相信自己而不附和权威们的意见，从而获得了这次世界音乐指挥家大赛的桂冠。

自信是一种力量，无论身处顺境，还是逆境，都应该微笑着平静面对人生。有了自信，生活便有了希望。

"天生我材必有用"，哪怕命运之神一次又一次地捉弄我们，只要拥有自信，拥有一颗自强不息、积极向上的心，成功迟早会属于你。当然，自信也要有分寸，否则过分自信，就会变得狂妄自大、目中无人，必然会失败。

对于记忆的自信应该建立在怎样的基础上呢？要怎样培养并保持下去呢？其实关键就在于在记忆活动中用自信这股动力来加速记忆。

因此，树立记忆自信的关键就在于：下定决心一定要记住它。

我相信很多同学都怀疑过自己的能力，或者想过，为什么他这么厉害，我就不行了？那么从此刻起，我要你坚信自己是一个与众不同的人，当你看完此书以后，你至少能掌握5种记忆技能，用它展示给身边的同学看看。

本章总结

本章主要分享了如何更好地去练习记忆法，提升学习成绩。我给了大家6条锦囊妙计，分别是明确学习动机，拒绝做"记忆僵尸"；记忆的前提：专注力训练；记忆的魔法：想象力训练；记忆的基石：观察力训练；记忆的向导：思维力训练；有自信，才能更好地提升记忆。在每一个小节的后面，都有一些小游戏、小练习，希望你能够认真对待。

作者答疑：好记性是需要自信来催生的

每次上完记忆课程以后，班级里面总会有几个同学进行记忆才能大PK。有一次几个同学要同时背诵一首古诗，然后看看谁背得最快、最好。可是，小星同学却一个人偷偷地离开了。

我发现小星躲在一个角落里闷闷不乐，于是问："你怎么不去啊？"

小星一脸无辜地看着我，低声说道："那首古诗很难背，我肯定背不下来，我连那些简单的都背不好。"这时候，小浩同学听到了小星同学的话，马上说道："很好背啊，我都背下来了。再难的我也能背下来。"

作者答疑：

从上面的案例中，很明显可以看出，小星同学对自己缺乏自信，这也就限制了他记忆力的发展。如果孩子总觉得自己记忆力不好，在平时生活和学习中就容易给自己负面暗示，从而真的令自己的记忆力越来越差。

可以说，记忆力的强弱在很大程度上取决于拥有自信心的程度。自信心较强的孩子往往能更好地激发自己的潜能，强化自己的记忆力。

关于提升自信，你可以从这几方面入手：

第一，正确看待自己，把自己的兴趣、爱好和特长罗列出来，哪怕是很细微的东西也不要忽略，要多去找自己身上的优点。

第二，多做积极的心理暗示。在生活和学习中经常激励自己。对自己说："我是最棒的！""我一定能行！""我一定能取得好成绩！"……

第三，当自己完成一定目标的时候，可以奖励自己。

第四章

最强大脑学习法：
快速记忆的7种方法

第二章给各位同学梳理了学校老师在教学中都在用的3大方法，而3大方法的使用都需要站在理解记忆的基础上，那么本章就给大家从记忆术的角度，讲述快速记忆的7种的方法，希望对你有所帮助。

第一节　图像记忆法：颠覆你的学习方式

在整个记忆领域中，图像记忆法有着很高的地位。俗话说，"一图胜千言"，对人类的大脑而言，图像要比文字直观得多。一张图片所包含的信息，如果换成文字，大脑需要花很久才能记住，但记住一张图片只需要一瞬。

在一项实验中：被试会看到2560张图片，然后在一周后，在280张的图片中，找出一周前所观看的图片内容。令人惊奇的是，被试重认的准确率高达90%。后来，研究者把图片的数量增加到了10000张，重新测试，准确率同样高达80%。

秋天到了，你看那一个个，个儿又粗又饱满，每条足有16厘米长，弯弯的，像月牙，像小船。拿在手里掂一掂，沉甸甸的，有150多克重。黄澄澄的皮十分光滑，上面像涂了一层滑石灰粉似的，显得十分美丽。你轻轻地剥开那黄色的皮，一阵清香迎面扑来，令人陶醉。

你看，这是一段描述某种水果的文字，内容相对较长，当我阅读1分钟后，这时候你会大呼一声"噢，原来是香蕉！"可如果我换成另外的一种形式，把描述它的文字换成一张图片，你会1秒钟知道并记住它（图4-1）。这就是图像的魅力所在。

图4-1　香蕉

1. 教授都在用的图像记忆法

在一场会议上，有一位的老教授给在场的数千人分享图像记忆法。他说："十多年过去了，我现在仍然能够把那15个词背出来，而且顺着、倒着都不会错。"

第四章
最强大脑学习法：快速记忆的7种方法

爆米花	图书馆	狼狗	书包	大树
太阳	石头	救护车	电视机	方便面
牙签	餐巾纸	电话	火警	行李

教授是这样来联想的："吃着爆米花进入图书馆，出来时遇到一只狼狗来追我，扔掉书包就爬上了大树。太阳光线太强了，我摔下来碰到了石头，救护车把我送进了医院。躺在病床上看着电视机，吃着方便面，然后用牙签剔剔牙齿，拿出餐巾纸擦了擦嘴巴。不知怎么了，医院着火了，拿出电话拨打了119火警，我收拾好行李立马就跑了。"

我把这个故事讲给第一次来上课的学生听，你猜结果怎么样？他们同样能够做到正背与倒背。做到一遍记忆的关键点在于，要不断地去询问自己，下一个是什么，再下一个是什么。比如，当你的大脑跟着书中的文字想象一遍之后，就问自己吃了爆米花后去了哪里？出来后遇到了什么？吓得他扔掉了什么？爬上了什么？什么晃到了我的眼睛？摔在了哪里？救护车把我送进了哪里？躺在什么地方？看着电视的时候吃着什么？然后用什么剔牙？拿出纸巾擦拭着嘴巴，着火了，要干吗？最后提着什么跑了？

你看，这就是把要记忆的信息处理成一种脑内图像，让大脑记得更快、更牢。在我们学习的过程中，会有大量的课文、数学公式、琐碎的知识点等需要记忆，但由于信息的杂乱，一直靠着"死记硬背"或者"狂人抄写法"，会把自己弄得头昏脑涨，丧失了学习的兴趣，甚至厌学。此时，我们就可以运用图像记忆法来快速地记忆这些知识点。

（1）用图像记忆法记古诗词

天净沙·秋思

[元]马致远

枯藤老树昏鸦，小桥流水人家，古道西风瘦马。

夕阳西下，断肠人在天涯。

这首诗选自初二年级的语文课本，相对来说比较简单，我们可以使用图像记忆法在脑海中展开联想。而在这里，我帮助大家把脑海中的情景图给画了出来（图4-2）。（具体的绘图方法及步骤，将在本章第三节里分享。）

图4-2 《天净沙·秋思》图像记忆（彭武阳/绘）

（2）用图像记忆法记单词

举例：boring无聊的，令人生厌的。

在记忆之前需要对单词进行拆分，bo像数字60；ring作动词是铃声。两者组合起来，就可以成为一个图像化的故事：那个人真无聊，电话响了60秒还不接（图4-3）（具体的单词记忆法将在第六章进行分享）。

图4-3 单词绘图记忆（凌青/绘）

2.了解图像记忆法的规则

图像记忆法就是把我们所看到的文字、数字、英文单词等材料，转化为形象具体的图像，然后展开联想记忆。上文已经举了很多图像记忆的案例，下面再了解3个重点。

（1）图像具体清晰

通过前面的记忆案例，我们可以发现一个共同特征，那就是都应用了超强的图像感,这是因为我们大脑拥有创造图像的力量。为了保证记忆质量,图像联想的第一个规则是要创造具体而清晰的图像。这是什么意思呢?比如,我们一起来想象一个苹果,好,你想到的这个"苹果"是红色的,还是青色的呢?这个"苹果"在你的大脑里有没有清晰的轮廓,有没有具体的颜色,都将决定你的记忆质量。

(2)感官强化图像

人的记忆是由外界输入人脑当中的信息构成的。外界信息进入大脑的途径是人的感官,人的感官主要有5种,分别是视觉、听觉、触觉、味觉、嗅觉。当然,人们通过感官接收到的信息,必须要进入大脑之后才会形成记忆。没有大脑,感官只是单纯的途径,光线、震动、气味等物理刺激通过感官之后形成神经冲动,这些神经冲动需要被大脑解释和分析之后才会成为可以理解的各种形状、颜色、声音和感情等。

强烈刺激会留下深刻记忆。

①视觉:俗话说"百闻不如一见",说的就是视觉的重要性。而在记忆的过程中,也需要合理利用大脑内的"视觉",帮助记忆。

②听觉:声音能够引发悲伤、快乐,甚至让人不适的感觉。很多的学生就懂得使用音乐旋律来记忆生硬难背的文言文。

③触觉:触觉最容易自发引起记忆,这些记忆与皮肤感受器触及的事物、人物或纹理有关。

④味觉:食物会扮演触发回忆开关的角色。味觉记忆通常很深刻,甚至会让你永远都无法忘记。比如,在六一儿童节收到了一颗味道特别的棒棒糖,这种味道会存储在大脑中,当我们以后尝试类似的食物时,这颗棒棒糖的记忆就会浮现在脑海中。

⑤嗅觉:嗅觉与味觉相类似,在生活当中为我们起到了非常重要的作用,比如,在记忆的时候放一些橘子皮在你的旁边,它将会帮助你记忆。

(3)荒诞或幽默

说到鸭子,我们当然可以想到家里的鸭子,嘎嘎叫地在水里面游来游去。但我们还可以给它加上一些荒诞和幽默的色彩,让它变得像人一样高大威猛,化身唐老鸭,会唱歌、跳舞、开飞机等。

正是因为人类具有创造联想的能力,所以才会有很多脍炙人口的动画作品。如《米老鼠》《舒克和贝塔》《葫芦兄弟》等。

总之,同学们在使用图像记忆法记忆信息时,首先得把要记忆的信息转化为具体、清晰的图像，然后合理调动五感，利用荒诞幽默的手法，提高记忆效率。感官记忆就像攀岩时的爪钉，爪钉如果像铁钉，就不容易抓住岩缝，也就无法承受我们的重量。所以我们要练习运用感官图像将记忆牢牢抓住。

现在请你回顾一下，本节分享中的图像记忆的3个重点法则，并用本节学过的图像记忆法对以下内容进行记忆高尔基的自传体三部曲：《童年》《在人间》《我的大学》。

第二节　故事串联法：零基础小白20分钟速记小数点后60位

上一节分享了图像记忆法，这一节我们一起来认识它的"好兄弟"——故事串联法。故事串联法非常简单。为什么简单呢？各位同学都看过电影吧？只要看过电影的剧情，就能回忆出电影的细节。这是因为电影除了利用强烈的听觉和视觉元素外，还有丰富的故事情节，更容易被记住。所以，不妨运用故事联想法来记忆学习内容。

只要善于联想，信息记忆再多都不是问题。

著名的桥梁学专家茅以升在学校苦背圆周率的故事广为流传。茅以升10岁那年，就以优异的成绩跳级考入江南中等商业学堂。他因家境贫寒，常受人讥笑，被人看不起。但他不气馁、不自卑，决心以优异的成绩回去那些只重衣冠的人。

他给自己制订了明确的学习计划，规定了严格的作息时间。每天清晨，他都要到河边去背书，背圆周率。他常常边走边背，一次竟撞到一棵大树上。又一次，他在河边捧着书边走边背，由于注意力高度集中，竟然一脚踏进河里，弄得全身水淋淋的。从此，人们称他为"书呆子"。

有一年，学校举行新年晚会，同学们唱歌、跳舞、弹琴、吹笛，个个都表演了节目，非常热闹。这时，有人提议让茅以升也表演一个节目，想捉弄一下这个"书呆子"。出人意料地，茅以升竟红着脸上了场。他不慌不忙地说："我不会弹琴，不会跳舞，给大家背一背圆周率吧！3.14159265……"他竟然一口气背出圆周率小数点后面100位数字。顿时，掌声雷动，经久不息。师生们对这个"特别节目"惊讶不已，对茅以升油然而生一股敬意。

原来，茅以升见书本上已把圆周率精确到小数点后面100位数字，他想圆周率这样重要，不妨把它背下来。于是，他每天起床后都要把圆周率背一遍，中午前又背一遍，晚饭前再背一遍，天天如此，坚持不懈。从背到小数点后10位、20位，到30位、40位……最后，他终于能一口气背到小数点后100位了。

我想，当时的茅老先生如果会使用故事串联法（故事串联法分为锁链法与故事法），也不必早、中、晚苦背。本节内容就为大家分享我是如何让零基础的学生在20分钟内背下圆周率小数点后60位的。跟着我的步骤，看看你能不能够记住？

1. 锁链法速记小数点后30位

我们来讲一下什么是锁链法。简单来说，锁链法就是把我们要记忆的信息材料转化为图像，然后一环扣着一环，保证顺序不乱的情况下，把内容记忆下来。

哇，是不是觉得很简单？没错，这的确很简单。好了，明白了方法就来看看小数点后30位的内容：141592653589793238462643383279。

知道了要记忆的内容后，我们就必须再把数字以两两组合的形式进行编码。（数字编码的方式主要有3种，具体的转化会在第五章第五节分享。）转化方式我放在了下边，主要使用的是谐音方式。

数字	编码	数字	编码	数字	编码	数字	编码	数字	编码
14	钥匙	15	鹦鹉	92	球儿	65	锣鼓	35	珊瑚
89	芭蕉	79	气球	32	扇儿	38	扫把	46	饲料
26	河流	43	石山	38	扫把	32	扇儿	79	气球

因为这些词组都是比较形象、具有动感的，所以我们只需要根据锁链法的规则连起来即可：一把钥匙插进鹦鹉的后背，鹦鹉拍打球儿，球儿砸向锣鼓，锣鼓压坏珊瑚，珊瑚拴住芭蕉，芭蕉吹爆气球，气球掉出扇儿，扇儿敲坏扫把，扫把扫动饲料，饲料撒进河流，河流冲刷石山，石山滚落一捆扫把，扫把扫动扇儿，扇儿扎爆气球，如图4-4所示。

图4-4　圆周率小数点后30位锁链绘图记忆（凌青/绘）

还记得在上一节使用图像记忆一遍就能记住的关键点吗？你一定要不断地去询问自己，下一个是什么？再下一个是什么？

下面请你把圆周率小数点后30位的内容写在这里：＿＿＿＿＿＿＿＿＿＿＿＿＿
＿＿＿＿＿＿＿＿＿＿＿＿＿＿＿＿＿＿＿＿＿＿＿＿＿＿＿＿＿＿＿＿＿＿＿＿＿

当你能够很好地记住这一串链接的词组以后，就可以尝试用词组还原数字。多次复习后，你将可以在5~8秒钟的时间里把小数点后前30位给背下来。你看，这就是锁链法的魅力，学会这种方法以后，你可以尝试着在课本里找一些词组来练习记忆。

值得注意的是，在使用此种方法时，我们同样要把记忆信息转化成具体图像，这些图像可以是动物、物体、食物等；在联想的过程中，图像还须两两联结并且带有接触感，比如，钥匙插进了鹦鹉的后背，你可以感觉到一种疼痛感；芭蕉吹爆气球，又有一种爆炸感。在联结的过程中，最好使用动词（打、砸、踢、压），来增强我们的记忆。记和忆的时候须是同一图像，比如，在记忆"笔"这个字时，转化图像是铅笔，还原写出来却成为了钢笔，这是不行的。

现在请你使用锁链记忆法完成这个记忆小练习：

电话	胚胎	门槛	鞍钢
版权	宫殿	骑兵	马蜂

2.故事法速记小数点后31～60位

前面已经讲了用锁链法记忆小数点后30位,相信各位同学这时候已经非常有信心能够记忆即将要讲的31～60位了。什么是故事法?简单来说,是把我们要记忆的对象编成一个故事来记忆,在编排故事的过程中,不必去考虑逻辑关系,只要能让我们记住就算好的故事。

是不是非常简单?好了,明白了方法之后,记忆步骤与锁链法是一样的,小数点后31～60位的内容是:5028841971693993751058209749444。

数字	编码	数字	编码	数字	编码	数字	编码	数字	编码
50	武林	28	恶霸	84	巴士	19	衣钩	71	鸡翼
69	鹿角	39	三脚架	93	旧伞	75	西服	10	棒球
58	尾巴	20	恶灵	97	酒席	49	湿狗	44	*丝丝*（蛇）

当大家能够很好地记住这些数字转成的形象词组后,就可以进行接下来的故事想象了:武林盟主打败了恶霸,恶霸狠狠地开着巴士车逃跑,在逃跑时撞飞了一个衣钩。衣钩钩住了鸡翼砸向鹿角。鹿角顶着的三脚架划破了一把旧伞。旧伞里掉落出一件西服,这件西服的兜里有一个棒球,那是武林盟主用来打白色尾巴的。原来是因为恶灵去酒席上跟湿狗打了一架,弄死一条*丝丝*蛇,所以他时刻放在身上（图4-5）。

图4-5 圆周率小数点后31~60位故事绘图记忆（凌青/绘）

下面请你把圆周率小数点后31-60位的内容写在这里：_____

_____

_____

_____

是不是觉得用故事法记忆会比锁链法更加流畅？没错，因为在使用故事法记忆知识点时更加有逻辑、有画面。当然各位同学在记词组时，应该把两种方法结合在一起用，而不是独立分开使用。通过熟练地把词组转化成数字，你就可以把两段记忆合在一起，尝试背诵圆周率小数点后的60位，也可以向你的朋友展示你的记忆成果。

现在请你使用故事法记忆完成这个记忆小练习：

光碟	蛋壳	奶粉	飞鸟
危机	粉喷	肿块	凹刻

你知道这个世界上记忆圆周率位数最多的人是谁吗？在2005年的《华商报》上，曾有过这样的一段报道：

西北农林科技大学的吕超近30小时不吃不喝背下小数点后67890位，打破由日本选手保持多年的世界纪录。

3.了解故事串联法的规则

谈到串联就不能不谈谈"联想"。什么是联想呢？联想是对新旧知识建立起联系的纽带。旧知识积累得越多，与新知识联系得越广泛，就越容易产生联想，越容易理解和记忆新知识。简单来说，联想就是从一事物想到另一事物的心理活动。比如，看到小学毕业的照片与视频，一幕幕浮现于眼前；由糖果想到了节日，进而想到假期；看到了台灯，想起了那是在某个商店买的，那个售货员很热情等。这些都是我们不自觉地运用了联想。

联想和记忆有着密切的关系，联想是最重要的记忆法之一。适当地利用联想记忆法，对增进记忆力有很大的帮助。下面我们介绍4种主要的联想记忆法：

（1）相关联想法

相关联想法，指根据两种事物在时空上的接近，然后建立起一种联想的方式。比如，有时候一下子想不起来一句话，可是这句话在书本的什么位置却清晰记得。

此时，我们可以想一下这句话前面是什么、后面是什么，这样持续地联想，对我们回忆起这句话有很大的帮助。再如，我有一次参加学校的社团活动，在活动中获得了一个毛绒玩具，可回来后却发现找不到了，于是我晚上回到宿舍就回忆当时的情况，晚上即将上床睡觉时，一下就想起了玩具的去处，原来我让朋友帮忙拿到画室了。

（2）因果联想法

因果联想法，指的是由原因想到结果或者由结果想到原因。在我们学习过程中，有许多材料可以利用因果联想来记忆。比如，你想不起很多年前的一次考试或者一场比赛的结果了，但是你能想起你当时非常沮丧，朋友和家人都安慰你了。根据这个结果，你很可能就会回忆起你在考试或者比赛中的表现，这就是从结果推导原因的一种联想。

（3）类似联想法

类似联想法，指的是看到一个事物而联想到另一个事物。在我们刚开始学汉字时，老师教我们用联想的方法来认字。比如，以青为中心字，组成情、请、睛、清等字。再如，我在学习高中地理时，曾把地球的地壳、地幔和地核联想为鸡蛋的蛋壳、蛋清和蛋黄。

（4）对比联想法

对比联想法，指的是由一事物想到和它具有相反特征的事物的方法。比如，由大想到小，由苦想到甜，由温暖想到寒冷等。再如，我们在学习高中历史时，可以拿"儒家学说""道家学说""佛家学说"等进行对比，认识它们的相同与不同点，便于理解。

总之，联想是记忆的重要手段，能够强化记忆。我们在记忆和学习新事物时，你要发挥丰富的想象力，把未知的事物与已知的事物联系起来，记住它们。

第三节　绘图记忆法：5大步骤让你提升10倍记忆力

通过上两节的学习，各位同学应该都知道了记忆训练的主要方法就是图像+联想。什么意思呢？就是把图像一个接一个联系起来，组成形象生动的画面，这样就能轻松记住，而且记得牢。

1. 绘图记忆法的5大步骤

绘图记忆法就是把文字、数字、声音类的知识信息，通过绘图的形式给画出来。如此，图像就不只是停留在大脑里的想象了。在绘制的时候，大脑也是有思考的，这些思考也将帮助我们去理解与记忆。

绘图记忆法适合运用在古诗、文言文、现代文的记忆上。那同学们应该如何来使用呢？在这里我给大家总结了5个步骤：

第一步是理解，也就是把记忆的内容通读一遍，找出生字、难字，然后理解句意。

第二步是是找关键词或简化信息内容，也就是找出能代表每句话的词语。这样的词一般为名词，找到后可以用笔标记一下，有的句子太长，你不想用上面的词，也可以从自己的角度出发去简化内容。

第三步是画图，也就是按照顺序将关键词画成图像并连接在一起。

第四步是背诵修正，根据你画的图把原文的内容给复述出来。一次复述一句或者两句，如果在背诵的时候有想不起来的地方，就要在图画上重新添加一些元素或者写上关键字，直到看着图画，能完整地复述出整首古诗。

第五步是多次复习。复习是必要的，同学们可以在1天、3天、5天……进行复习，以达到长期记忆的目的。

针对以上的内容，我简化了一下绘图记忆法的5个步骤：通读理解；选择关键词或简化内容；关键词制图；对照图画背诵、修正；多次复习。

记忆知识点：我国最早的农书——《齐民要术》。

①通读理解：我国最早的农书是《齐民要术》。

②选择关键词或简化内容：农书、《齐民要术》。

③关键词制图：如图4-6所示。

图4-6 齐民要术绘图记忆（凌青/绘）

④ 对照图画背诵、修正：早晨有许多的农民，一起来我家要书。通过上面的这一幅插图，我能够很好地记住这个知识点，可是每次在还原"《齐民要术》"时，会短暂地停歇一会儿，原因是图上写了一个大大的"借"字，需要对其修正，增加一个字，变成"借书"。

⑤ 多次复习：脱离图稿完成背诵或答题，遗忘部分须再次加工绘制的图像。可以在背诵后的1天、3天、5天……进行检测。

2. 绘图记忆古诗

长歌行

汉乐府

青青园中葵，朝露待日晞。

阳春布德泽，万物生光辉。

常恐秋节至，焜黄华叶衰。

百川东到海，何时复西归？

少壮不努力，老大徒伤悲！

古诗译文：园中的葵菜都郁郁葱葱，晶莹的朝露在阳光下蒸发消失。春天把希望洒满了大地，万物都呈现出一派繁荣。常恐那肃杀的秋天来到，树叶儿黄落百草也凋零。百川奔腾着东流到大海，何时才能重新返回西境？少年人如果不及时努力，到老来只能是悔恨一生。

① 通读理解：《长歌行》是一首北朝民歌，属于汉乐府诗，是劝诫世人惜时奋

进的名篇。此诗从整体构思看，是说时节变换得很快，光阴一去不返，因而劝人要珍惜青年时代，发奋努力，有所作为。

② 选择关键词或简化内容：第一句中可找到"园中葵""露"；第二句中可找到"阳春""万物""光辉"；第三句中可找到"秋""华叶"；第四句中可找到"百川""海""西归"；第五句中可直接提取压缩为"少年—老年"。

③ 关键词制图：如图4-7所示。

图4-7 《长歌行》绘图记忆（凌青/绘）

④ 对照图画背诵、修正：看着自己所绘制的关键词图画进行原文内容背诵，对遗忘的内容进行补充。在脱离图像背诵的过程中，你可能会时不时地卡壳，此时就再次加工绘制的图像。

⑤ 多次复习：1小时、3小时、1天、3天、5天后，不看原文内容，闭眼回忆自己所绘制的内容并背诵原文。如果此时还是有卡壳，就再根据原文内容或者关键词的图画去增减记忆元素。

3. 绘图记忆法记忆文言文

陋室铭

[唐]刘禹锡

山不在高，有仙则名。水不在深，有龙则灵。斯是陋室，惟吾德馨。苔痕上阶绿，草色入帘青。谈笑有鸿儒，往来无白丁。可以调素琴，阅金经。无丝竹之乱耳，无案牍之劳形。南阳诸葛庐，西蜀子云亭。孔子云：何陋之有？

译文：山不在于高，有仙人居住就有盛名；水不在于深，有蛟龙潜藏就显示神灵。这虽然是间简陋的小屋，但我品德高尚、德行美好。苔痕布满阶石，一片翠绿；草色映入帘栊，满室葱青。往来谈笑的都是饱学多识之士，没有一个浅薄无识之人。可以弹未加彩饰的琴，可以阅读佛经。没有嘈杂的音乐声使耳朵被扰乱，没有官府的公文使身体劳累。南阳有诸葛亮的草庐，西蜀有扬雄的玄亭。正如孔子说的："有什么简陋之处呢？"

① 通读理解：《陋室铭》是唐代诗人刘禹锡所创作的一篇托物言志骈体铭文。作者借赞美陋室抒写自己志行高洁，安贫乐道，不与世俗同流合污的意趣。

② 选择关键词或简化内容：根据文章的译文，我们可在诗句中分别找到如下关键词："山—仙""水—龙""陋室—德馨""苔痕—帘青""鸿儒—白丁""素琴—金经""丝竹—案牍""诸葛庐—云亭""孔子"。

③ 关键词制图：如图4-8所示。

图4-8 《陋室铭》绘图记忆（凌青/绘）

④ 对照图画背诵、修正：在绘制结束之后一定要分两个环节进行调整和修正，一是看图背诵，二是闭目回忆。

⑤ 多次复习：1小时、3小时、1天、3天、5天后，不看原文内容，闭眼回忆自己所绘制的内容并背诵原文。

4. 绘图记忆法记忆现代文

少年闰土（节选）

深蓝的天空中挂着一轮金黄的圆月，下面是海边的沙地，都种着一望无际的碧绿的西瓜。其间有一个十一二岁的少年，项带银圈，手捏一柄钢叉，向一匹猹尽力地刺去。那猹却将身一扭，反从他的胯下逃走了。

① 通读理解：《少年闰土》节选自鲁迅1921年写的短篇小说《故乡》。这篇文章塑造了一个在鲁迅眼中"聪明、机智勇敢、见多识广"的少年闰土形象。

② 选择关键词或简化内容：天空、圆月、沙地、西瓜、少年、银圈、手、钢叉、猹、胯下。

③ 关键词制图：如图4-9所示。

图4-9 《少年闰土》绘图记忆（凌青/绘）

④ 对照图画背诵、修正：同样，在绘制结束之后，要分为两个环节进行调整、修正。

⑤ 多次复习：1小时、3小时、1天、3天、5天后，不看原文内容，闭眼回忆自己所绘制的内容并背诵原文。

5. 如何绘制简图

在授课过程中，学生遇到最多的问题就是不敢画，或者说自己不会画、画得太丑。此时的你或许也会存在这样的疑惑。但我想跟你说，我们的大脑是非常神奇的，有时候粗略地画几根线条，就可以很好地把内容给记住，所以你要相信自己，开始行动起来吧。

而针对那些不知道应该怎样绘制简图的同学来说，这里提供给大家5种绘制图画的方法。

①直接出图：形象具体的词可以直接出图，如台灯、话梅、行李箱、书等。

②局部出图：比较复杂的物体或动物，可选择它的突出特征，比如，大象可画它的大耳朵或长鼻子、老虎写一个"王"字等。

③谐音出图：对于不好出图的词，还可利用谐音词来代替，但一般不推荐这种方法，因为画图后容易还原出错。比如，我以前在记忆《道德经》其中一句"非道也哉"时，通过谐音转化为"匪盗也宰"，当时一下就记住了，可当我要写的时候就想不起原文了。

④固定图像出图：可以根据自己对文字的理解，进行文字编码，固定其图像，灵活处理即可。

⑤画图方位说明：可以采取自己熟悉的方法来布局图画，常用的方法有定位法、四幅图法和顺序法。

请你思考一下，在你的学习中，还有哪些知识点是可以使用绘图法记忆的？行动起来吧，找一个比较难记的知识点，把它绘制出来。

第四节　口诀记忆法：速记初中学科知识点

在文字发明之前，人们如何传递信息？基本上靠的是口口相传，这时候就需要有专门的人把消息背下来，然后到另一个地方讲出来。由于两个居住地之间的距离是比较远的，需要保证传递消息的人不会因为记忆力不好而遗忘，所以他们就会把消息编成押韵的歌谣来帮助记忆。这种记忆方法就是我们通常所讲的口诀记忆法，或者叫歌谣记忆法。

1. 口诀记忆人体8大系统

我们在上小学一二年级的时候，也用口诀记忆法背诵过资料，例如，"春雨惊春清谷天,夏满芒夏暑相连"的《二十四节气歌》。现在很多的流行歌曲(特别是广场舞曲)也都有一个共同点,就是它们都很押韵节奏。也正因为如此,很多时候我们只是在街头巷尾听过几遍,就能记住整首歌。

一天一个上高中的学生拿着生物书来问我:"老师,这个怎么记忆啊?"我一看,这不是人体8大系统吗?泌尿系统、内分泌系统、神经系统、生殖系统、运动系统、消化系统、呼吸系统、血液循环系统。

当时我问他,要是你来背这几点需要多长时间?他说要准确记住并写出来,可能需要10分钟。于是我跟他说:"今天我只需要10秒钟就可以让你记住,你信不信?"

他一脸呆滞地看着我。

好,我们现在开始教学:"来,跟我一起用10秒钟记忆'孝子呼云,神秘尿血'。9,8,7……4,3,2,1,时间到。我相信你已经记住了这8个字。其实,这8个字就是人体8大系统的简化口诀。

运用口诀法来记忆知识点需要3个步骤。

第一步,提取关键字或者词语。在提取关键字时,首先,去掉重复的内容。对于人体8大系统,去掉重复的内容之后就变成了泌尿、内分泌、神经、生殖、运动、消化、呼吸、血液循环;其次,在编排时尽量选择首字,但遇到首字同音或者近音时,就需要用具有代表性的词(动词)。比如,"泌尿"与"内分泌"的"泌"是同字,此时"泌尿"就可以选择关键字"尿","神经"与"生殖"的首字同音,因此"神经"就选择"神","生殖"选择"殖"。提取好的人体8大系统的关键字就是尿、泌、神、殖、运、消、呼、血。

第二步,编排口诀。在编排时需要注意口诀的押韵,通过重组后就变成了'消殖呼运,神泌尿血'。然后对其进行谐音转化,变成"孝子呼云,神秘尿血"(一个叫呼云的孝子,这几天在神秘尿血),如图4-10所示。

当然,同学们在最初练习重组口诀时,可能需要2次、3次,甚至4次才能找到最合适自己记忆的口诀,但通过大量训练后就会越来越快。

图4-10 人体8大系统绘图口诀记忆（凌青/绘）

第三步，口诀还原。"孝子呼云，神秘尿血"，孝—消化、子—生殖、呼—呼吸、云—运动、神—神经、秘—内分泌、尿—泌尿、血—血液循环。转化对应好了以后，就可以统一加上"系统"二字了。

你看，是不是很轻松地就记住了人体8大系统的内容？

2. 口诀记忆《辛丑条约》

接下来，我们再来看看中学期末考试常考的一个知识点。清政府签订《辛丑条约》的主要内容：

清政府赔款白银4.5亿两；保证严禁人民参加各种形式的反帝活动，拆毁大沽炮台；允许外国军队驻扎在北京到山海关的铁路沿线要地；在北京划定使馆界，允许各国派兵驻守，不准中国人居住。

看，这个内容是不是与上一个知识点差距蛮大的？你是不是不知道应该怎么来提取关键字了？也不知道是否能用口诀记忆法了？

其实，我在绘图记忆法部分说过，你可以根据自己的理解去简化内容。我们可以针对以上内容进行简化，分成4个小段，简化成4个字的口诀："钱进宾馆"。

第一段，清政府赔款白银4.5亿两，主要说的是赔款，因此可以想到"钱"；第二段，保证严禁人民参加各种形式的反帝活动，拆毁大沽炮台，主要说的是严禁反帝，多次联想转化后，就可以想到"进"；第三段，允许外国军队驻扎在北京到山海关的铁路沿线要地，主要说的是驻兵，多次联想转化后，就可以想到"宾"；第四段，在北京划定使馆界，允许各国派兵驻守，不准中国人居住，主要说的是设置使馆，多次联想转化后可以想到"馆"。

你看，我们是不是就把这样长段的内容压缩成口诀"钱进宾馆"了，记忆的效率也就大大增强了。回忆的时候，需要先由"钱"想到赔款；"进"想到严禁反帝；"宾"想到驻兵；"馆"想到设置使馆。而在考试中，只要把关键部分答出来了，再组织一下语言，基本就能得满分了。当然像这样的知识点简化记忆是需要大量实践的，各位同学也不要觉得太难而气馁，在第五章中会有专门的方法来分析这类知识点。

3. 口诀记忆学科知识点

我们在学习的过程中，也可以把这种技巧广泛地运用于记忆历史、地理、化学等学科知识。

（1）口诀记忆历史知识

八国联军：俄国、德国、法国、美国、日本、奥匈帝国、意大利、英国

运用以上的口诀编排，转化成：饿（俄）的（德）话（法），每（美）日熬（奥）一（意大利）鹰（英）。

洋务派代表：奕䜣、曾国藩、李鸿章、左宗棠、张之洞、沈葆桢、丁日昌

运用以上的口诀编排，转化成：新（䜣）翻（藩）译（李），坐（左）洞，审（沈）日昌。

（2）口诀记忆地理知识

五岳：东岳泰山、西岳华山、南岳衡山、北岳恒山、中岳嵩山

记忆联想：先做简化，东泰、西华、南衡、北恒、中嵩；再做结合，东泰西华，南衡北恒，中嵩，然后做谐音转化：东西太滑，南北两行，中间高。

影响气候的主要因素有：海陆分布、洋流、纬度、大气环流、地形。

运用口诀编排转化成：海洋围大地。

中国的五个自治区：内蒙古自治区、广西壮族自治区、新疆维吾尔自治区、宁夏回族自治区、西藏自治区

运用口诀编排转化成：泪光洗心灵。（先将省份转化成首字：内、广、新、宁、西。）

（3）口诀记忆化学知识

化学金属活性顺序：钾钙钠镁铝，锌铁锡铅氢，铜汞银铂金

运用口诀编排转化成：捡个大美女，身体细纤轻，总共100斤。

制氧口诀：二氧化锰氯酸钾，混合均匀把热加；制氧装置有特点，底高口低略倾斜。实验先查气密性，受热均匀试管倾；收集常用排水法，先撤导管后移灯。

氢气还原氧化铜实验口诀：氢气早出晚归，酒精灯迟到早退；氢气检纯试管倾，先通氢气后点灯；黑色变红水珠出，熄灭灯后再停氢。

第五节　记忆宫殿法：世界记忆大师都在用的方法

我经常会问那些没有接触过记忆训练的人："你知道记忆术吗？"有的人说："不知道"；有的人说："我看过《最强大脑》，里面的人展示的就是这个能力吧？"；还有的人会很激动地说："噢，我知道，就是记忆宫殿，要在大脑里面建好多房子！"对于普通人来说，他们所认为的记忆术指的就是记忆宫殿法。

1. 记忆宫殿法的前世今生

最早运用记忆宫殿来记忆的或许是古罗马的雄辩大师西塞罗。他惊人的记忆力令所有人折服。有这样的记载，西塞罗让200个听众每人告诉他一句自己最喜欢的诗，接着他就能准确无误地按照顺序把这些诗复述出来。据说他还曾在一次盛大的集会上记住了2000位参会者的姓名，而后按照规定的顺序把这些名字背出来。在他的《论演说家》一书中有这样一则故事：

很久以前，在古希腊的塞萨利，有一个很有钱的贵族叫斯科帕斯。一次，斯科帕斯举行了一场宴会，并邀请有当时的著名诗人西蒙尼德斯吟诗一首，来赞美自己。西蒙尼德斯在赞美斯科帕斯的诗里面，也赞美了双子神卡斯托和波鲁克斯。就因为这个，小心眼的斯科帕斯只给了约定酬金的一半，还说另一半，要西蒙尼德斯跟双子神去要。

不一会，门外传信过来说有两个年轻人要找西蒙尼德斯。西蒙尼德斯出门后却没有见到访客。刚要转身回去，宴会大厅突然垮塌，斯科帕斯和所有其他客人全部被压在废墟下，无一生还。

好在西蒙尼德斯凭借记忆，帮助死者家属认领了每个座位上的亲人的尸体。而受此次经历启发，西蒙尼德斯创造了记忆术。

那两位年轻人，正是双子神卡斯托和波鲁克斯。通过救他一命，他们支付了另一半酬金。在这次事故之后，他由于能记得各位客人在席间的座位，故而能辨认出面目全非的尸体。

由此他领悟到，排列有序是记忆牢固的关键。

虽说故事的真伪我们无从得知，但有一点可以肯定，那就是当时的人们已经可以利用记忆宫殿来记忆东西了。这种高超的记忆力，如果不采用位置记忆法，是完全不可想象的。他提到，记忆分为两种，一种是自然的，另一种是人造的，自然的记忆与生俱来（在前面的章节中，我们讲过"自然记忆"与"人造记忆"）。

人造的记忆需要通过训练得以加强和巩固，由场景和形象构成。场景是方便存放记忆的各种位置，它可以是一栋房屋、柱子之间的空间、一个角落或一扇拱门等；形象是我们希望记住的东西的形状、标记或影像。

如果我们希望记住很多材料，就必须在记忆中储备大量的场景。这些场景应该形成系列。将它们按照顺序记住以后，便能够从任何一个场景开始，任意前移和后移。目前很多世界记忆大师运用的方法系统都是借鉴于此。

2. 如何创建记忆宫殿

"授人以鱼，不如授人以渔"，现在我就来详细地给大家讲解，如何搭建自己的记忆宫殿并记忆大量的物品，让各位同学能够更直观地体验到记忆宫殿的魅力。创建记忆宫殿一共分为5个步骤：建立宫殿；确定记忆路线；列出路线中明显的特征物品；记忆内容与宫殿中的物品联结；回忆宫殿路线及定位物品。

（1）建立宫殿（熟悉）

记忆宫殿的作用是什么？它是我们回忆信息的线索，能让我们在记忆之后快速提取，所以非常重要的一条就是得熟悉。如果说这个地方我只来过一次，却要使用它作为记忆承载物，在记忆时，地点都是模糊的，回忆线索反而成为一种负担，这样就得不偿失。那我们可以选择怎样的地点呢？你可以选择自己非常熟悉的地方，可以是家、学校、游乐场、办公室、常去的公园、吃饭的地方等。

（2）确定记忆路线（顺序）

确定好要用什么地方搭建记忆宫殿以后，接下来就需要在记忆宫殿中确定一条从开始到结束，有顺序的记忆路线。在记忆时你就会发现，有序、有规律的地点更方便回忆。

（3）列出路线中明显的特征物品（固定与特征）

第三步就需要在记忆路线中罗列出固定的记忆特征点，第一个是什么，第二个是什么，第三个是什么……一般来说，为了便于管理与记忆，一个小区域内中最适合找到的地点数量为10个。在这里，我给各位同学拍了一张在生活中非常常见的街景图（图4-11），作为一个记忆宫殿场景。大家可以尝试着在这张图中找到10个记忆特征点，注意确定一下记忆的顺序。

图4-11　街景图

好，相信你也找到了这张图中的10个记忆信息特征点，但我还需要提醒你，在搭建记忆宫殿时，一定要注重以下4个原则：

① 空间的立体感：较于2维平面，我们的大脑更喜欢3维立体。

② 一条直线上不要超过3个地点：大脑喜欢有特征的物体，一条直线上有太多点后，大脑会遗漏掉重要信息。

③ 地点的距离适中：地点太近会让我们在记忆的过程中，把临近物品混淆；地点太远会出现大脑切换地点过慢的问题。

④ 宫殿内部的整洁度：大脑都喜欢干净整洁的事物，对于地点的选择同样如

此。因此，当遇到太乱的地点时，我们需要对地点进行摆放整理。

按照以上规则，我在这个街景图中选择了10个地点，如图4-12所示。

图4-12 街景图中的10个地方

1. 盲道
2. 车篷
3. 自行车
4. 围栏
5. 小轿车
6. 大树
7. 路牌
8. 栏杆
9. 电箱
10. 路障

图片中的地点名字并不是固定统一的，你可以根据自己的喜好去自行命名。文字仅为了方便向外表述，真正储存在我们的大脑之中的是图像内容。

（4）记忆内容与宫殿中的物品联结（联结）

搭建好了记忆宫殿，我们就成了这所宫殿的主人，可以利用它来记忆知识点了。请大家想象一个场景：明天就是期中考试，地理老师说："在试卷中有一道关于中国名胜古迹的题目。"为了考试成绩可以更好，你通过翻看地理书本或者查阅相关文献资料后，找到了中国的十大名胜古迹，并打算把这十个名胜古迹记忆下来。

十大名胜古迹是：万里长城、桂林山水、北京故宫、杭州西湖、苏州园林、安徽黄山、长江三峡、台湾日月潭、承德避暑山庄、秦兵马俑

现在我们就可以把要记忆的内容，通过联想的方式与上面这组记忆宫殿相联结。

① 盲道—万里长城：去万里长城可以用走盲道的快捷方式。

② 车篷—桂林山水：游玩桂林山水这个景区时，需给车安装上一顶车篷，避免衣服被打湿。

③ 自行车—北京故宫：北京故宫里有非常多自行车。

④ 围栏—杭州西湖：杭州西湖边放了很多围栏，以防小朋友溺水。

⑤ 小轿车—苏州园林：从小轿车里跳下来一只小猫咪，它闯进了苏州园林，玩

弄着刘姥姥最喜爱的植物苗。

当我们记忆到第5个内容时,要返回到第一个开始复习,复习完毕后,再接着往后面记忆。

⑥ 大树—安徽黄山:攀登安徽黄山,就是为了看那一棵大松树。

⑦ 路牌—长江三峡:不允许游客在长江三峡的路牌上乱涂乱画。

⑧ 栏杆—台湾日月潭:栏杆上面安装了一个大灯,一到晚上可以照亮整个中国台湾的日月潭。

⑨ 电箱—承德避暑山庄:乾隆每年去承德避暑山庄是因为那里有一个大电箱,里面的电力足够使用整个夏季。

⑩ 路障—秦兵马俑:为了防止破坏秦兵马俑,在距离它10米处放置了一排路障。

(5)回忆宫殿路线及定位物品(复习巩固)

这是最后一步,你已经可以做到对记忆内容的正背、倒背、点背了。但如果各位同学才刚开始训练,还需要有计划地去复习。比如,你可以再检验一下联结质量,有没有出现相似混淆的内容。在训练初期,会有很多假联结与相似联结。这又是什么意思呢?

① 假联结:有做过编排联想,但联想的内容只停留在视觉层面,或者用笔写了下来而没有过脑。那如何进入大脑内视觉呢?第一是对联想的内容在大脑中出图(可以闭眼想象);第二是对联想的内容进行动态化处理。比如,当我们要记忆"铅笔—手机"两个词时,想象"铅笔笔尖戳破了手机屏幕"远比想象"铅笔放在手机上"更能令人记忆深刻。

② 相似联结:在一个记忆单位中,尽量把相似的记忆内容区分开。比如,上述的十大名胜古迹与水相关的就有桂林山水、杭州西湖、长江三峡、台湾日月潭4个。为了避免混淆,就必须找到它们之间的不同点,通过联想转化给区分开来。

你看,通过以上5个步骤的训练,以前只能在电视上观赏的技能,现在你也能够掌握了。但如果想要达到灵活运用的程度,还需要不断地按照书本上的讲解去操作练习。记忆宫殿还可以有更多的搭建方式。比如,数字记忆宫殿、身体记忆宫殿、汽车记忆宫殿、字母记忆宫殿、标题定位系统等。

3. 用身体记忆宫殿记诗词

以下这首古诗词是我在一次给老师做培训分享时的记忆案例。在开课前，我只知道这首词是谁写的，对内容并不是很熟悉，但在短短的10分钟后，不仅我做到了正背、倒背、抽背，听课的所有老师也能做到。下面你也跟着我一起来把这首词给记住吧！

满江红

[南宋] 岳飞

怒发冲冠，凭阑处，潇潇雨歇。

抬望眼，仰天长啸，壮怀激烈。

三十功名尘与土，八千里路云和月。

莫等闲，白了少年头，空悲切！

靖康耻，犹未雪；臣子恨，何时灭？

驾长车，踏破贺兰山缺。

壮志饥餐胡虏肉，笑谈渴饮匈奴血。

待从头，收拾旧山河，朝天阙。

首先，进行课文朗读，看是否有不认识的生字词；其次，进行古诗词的内容翻译，理解全文含义；再次，选择记忆方法，进行串联联想；最后，还原修正，多次复习之后即可达到长久记忆。

下面，我一步步地带着大家记忆。

全文翻译：我怒发冲冠登高倚栏杆，一场潇潇细雨刚刚停歇。抬头四望辽阔一片，仰天长声啸叹，壮怀激烈。三十年勋业如今成尘土，征战千里只有浮云和明月。莫虚度年华，白了少年头，只有独自悔恨，悲悲切切。靖康年的奇耻尚未洗雪，臣子愤恨何时才能泯灭。我只想驾着一辆辆战车踏破贺兰山敌人营垒。壮志同仇饿吃敌军的肉，笑谈蔑敌渴饮敌军的血。我要从头收复旧日河山，朝拜故都京阙。

通过翻译，我们可以发现词的内容特别能够与我们的身体产生联系，因此在选择记忆方法时，就优先选择身体宫殿记忆法。上面大家已经学会了找记忆宫殿的方法，我直接把身体记忆宫殿图放在下边，方便大家使用（图4-13）。

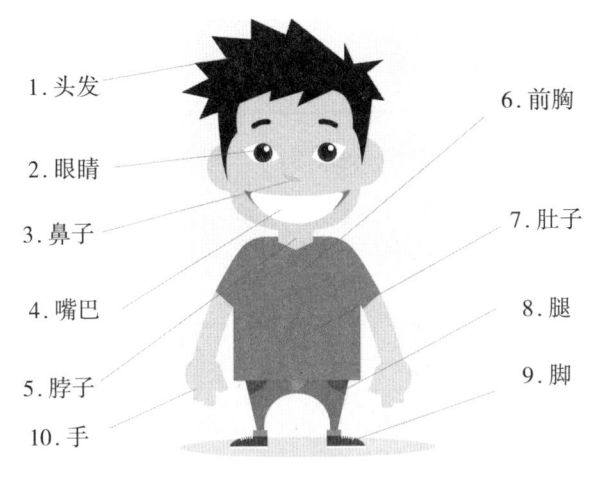

1. 头发
2. 眼睛
3. 鼻子
4. 嘴巴
5. 脖子
6. 前胸
7. 肚子
8. 腿
9. 脚
10. 手

图4-13 身体记忆宫殿图

熟悉好了身体地点之后，即可用身体部位来联系记忆内容。

① 头发——怒发冲冠，凭阑处，潇潇雨歇。

联想：我发怒头发直立把头冠顶掉，身体靠在了栏杆处，这场雨不停地在下。

② 眼睛——抬望眼，仰天长啸，壮怀激烈。

联想：站在35层的高楼上，抬头四望辽阔一片，内心慷慨，不禁仰天长声啸叹，壮怀激烈。

③ 鼻子——三十功名尘与土，八千里路云和月。

联想：30年来，长途跋涉，征战四方，我的鼻子习惯了尘与土的洗刷，鼻纹就好比八千里的路，鼻孔里都是云和月。

④ 嘴巴——莫等闲，白了少年头，空悲切！

联想：嘴里对小孩说莫要虚度年华，白了少年头，空悲切。

⑤ 脖子——靖康耻，犹未雪。

联想：靖康战役后，我脖子上还有很多的血。

当我们记忆到第5个内容时，可以返回到第一个开始复习，复习完毕后，再接着往后面记忆。

⑥ 前胸——臣子恨，何时灭？

联想：拍拍胸口，我恨啊！什么时候才能把他们给驱赶走？

⑦ 肚子——驾长车，踏破贺兰山缺。

联想：驾着长车，踏破了肚子（贺兰山）上的肚脐眼。

⑧ 腿——壮志饥餐胡虏肉，笑谈渴饮匈奴血。

联想：两只大腿上分别绑着敌军的肉与血；饿了就吃肉，渴了就喝血。

⑨ 脚——待从头，收拾旧山河，朝天阙。

联想：整装待发，再来收复旧日河山，朝拜故都京阙。

当9句诗句都与身体部位联结完成以后，就需要立即复习一两遍，以达到长久记忆的目的。通过这样的身体定位联想之后，还可以做到抽背。比如，回忆诗中的第3句时，先想到第三个身体部位"鼻子"，然后还原鼻子上面的联想，接着背出"三十功名尘与土，八千里路云和月"。

请你按照书中的方法，自己寻找包括10个地点桩的宫殿，用它来记忆2021年中国十大名校。各位同学请牢记：联想不要过于平淡，大胆创新，发挥想象力，让自己印象深刻才是重点。

清华大学	北京大学	浙江大学	上海交通大学	南京大学
复旦大学	中国科学技术大学	华中科技大学	武汉大学	西安交通大学

第六节 编码记忆法：数字、文字、字母全搞定

说到"编码"这个词，想必各位同学应该都不陌生，或许你立马就能想到福尔摩斯破案的场景。

其实，编码指的就是将信息从一种形式转换为另一种形式的过程。《最强大脑》节目中的"辨川剧脸""识别斑点狗""盲指过天桥""鸡蛋识别""指纹识别"等项目，都是先经过固定编码，然后再利用记忆方法进行记忆。当然，我们通过训练以后，也可以完成节目中的挑战，只是速度上有所差距。下面为大家分享我们可以在学习中使用的数字、文字、字母3种编码。

1. 数字编码法

数字编码可以说是记忆法中最基础也最重要的内容。在世界记忆锦标赛中，一

第四章
最强大脑学习法：快速记忆的 7 种方法

共有10大项目，而与数字编码直接或间接相关的项目就有8个，由此可见其重要性。数字编码主要有110个（00~99与0~9），但大多数时候都是用100个（00~99）。

请你回想一下，在你两三岁时，是怎样识数的呢？

老师或你的妈妈会教你："1像铅笔细又长，2像鸭子水中游，3像耳朵听声音，4像帆船水里游，5像秤钩秤白菜，6像哨子能吹响，7像镰刀割青草，8像葫芦能装水，9像勺子能盛饭，10像油条加鸡蛋。"

借由形象和声音的刺激，你就能很快记住它们，这就是利用数字形象化的加工处理，而作为一名专业的记忆运动员，仅靠这一种方式来转化是远远不够的。

因此，你一定要用心去记我下面讲解的内容：数字编码的转换方法主要有谐音、形状和意义。谐音，也就是通过数字的读音进行编码，在讲解圆周率记忆时，主要用到的数字转化方法就是谐音；形状，也就是根据数字的形相似来编码，比如，数字11像筷子；意义，也就是通过数字的特殊含义来编码，比如，51劳动节、61儿童节等。

明白了数字的3种编码方法以后，大家可以自己对00~99的数字进行编码。当然，你也可以使用记忆大师的现成编码。我把我自己从零基础小白到世界记忆大师的训练编码分享在下面，方便你直接使用（表4-1）所示。

表4-1 数字编码表

数字	编码	数字	编码	数字	编码	数字	编码	数字	编码
01	小树	14	钥匙	27	耳机	40	司令	53	午餐
02	铃铛	15	鹦鹉	28	恶霸	41	蜥蜴	54	武士刀
03	三角凳	16	衣钮	29	阿胶	42	柿儿	55	锅
04	零食	17	仪器	30	三轮	43	死神	56	蜗牛
05	手套	18	腰包	31	鲨鱼	44	蛇	57	坦克
06	连弩	19	衣钩	32	扇儿	45	师傅	58	闪电
07	锄头	20	恶灵	33	闪闪	46	饲料	59	蜈蚣
08	篱笆墙	21	鳄鱼	34	三丝	47	司机	60	榴莲
09	小猫	22	鹅	35	珊瑚	48	石板	61	儿童
10	棒球	23	和尚	36	山路	49	湿狗	62	牛儿
11	梯子	24	闹钟	37	山鸡	50	武林高手	63	硫酸
12	椅子	25	二胡	38	扫把	51	铁钳	64	螺丝
13	医生	26	河流	39	三角	52	斧儿	65	尿壶

续表

数字	编码	数字	编码	数字	编码	数字	编码	数字	编码
66	溜溜球	73	花旗参	80	巴黎铁塔	87	白旗	94	教师
67	油漆	74	骑士	81	猩猩	88	网	95	救护车
68	喇叭	75	西服	82	花儿	89	芭蕉	96	乌龟
69	鹿角	76	汽油	83	爬山	90	水桶	97	铁锹
70	刺猬	77	机器人	84	巴士	91	球衣	98	起子
71	机翼	78	青蛙	85	白虎	92	球拍	99	玫瑰花
72	企鹅	79	气球	86	八路	93	旧伞	100	望远镜

个人可以根据自己的生活经历、阅历，以及使用的方言对数字进行编码，但值得注意的是，不同数字的编码图像不能重复。比如，如果00是眼镜蛇（形状），44同样是蛇（声音）的话，只能选择留下其中一个，不然在记忆的过程中就会出现混淆的情况。

大家还记得我们在故事串联法中，用数字编码来记忆圆周率小数点后60位吗？那只是数字编码运用的一种方式，其实它还可以用来记忆你生活与学习中的手机号、银行卡号、历史年代、古诗文章等内容。

在这里，我就使用数字编码来帮助大家记忆孙子兵法三十六计。计谋一共有36条，所以只需要用到01～36的编码。

01 小树——瞒天过海：小树遮住了天上的太阳，我偷偷地从下面渡过大海。

02 铃儿——围魏救赵：铃儿把魏国围住，然后解救了赵国。

03 三角凳——借刀杀人：站在三角凳上大喊，不要把刀借给他，他有杀人倾向。

04 零食——以逸待劳：开着价值一亿（以逸）的跑车，在麦当劳（待劳）里吃零食。

05 手套——趁火打劫：大火燃烧得非常旺，戴着手套的小偷趁火打劫了首饰店。

06 连弩——声东击西：连弩敲打了冬瓜，又去击打西瓜。

07 锄头——无中生有：在一块杂草丛生的空地上，我挥舞着锄头，挖出一箱宝藏，这难道不是无中生有吗？

08 篱笆墙——暗度陈仓：用篱笆做成一条小船，坐着它渡过一个很陈旧的仓库。

09 小猫——隔岸观火：除夕夜，一只孤独的小猫隔着一条河，观看对岸的烟火。

10 棒球——笑里藏刀：不要被打棒球的人的笑容所迷惑，他的笑容里面其实藏着一把刀。

11 梯子——李代桃僵：爬上梯子，摘下李子代替了桃子送给僵尸吃。

12 椅儿——顺手牵羊：周某人在农场里面顺手牵了一只羊，把它拴在了椅儿上。

13 医生——打草惊蛇：医生拿着针管上山采草药，一不小心惊动了林中的蛇，反被咬了一口。

14 钥匙——借尸还魂：把神奇的钥匙插进僵尸的嘴巴，他立马就还魂了。

15 鹦鹉——调虎离山：一只巨大无比的鹦鹉，叼着小老虎离开了大山。

16 衣钮——欲擒故纵：郎朗在钢琴会上演奏钢琴曲，一群观众（欲擒故纵）都穿着双排纽扣的西服。

17 仪器——抛砖引玉：只要往仪器里面抛砖头，就会变出美玉来。

18 腰包——擒贼擒王：擒贼时把擒住的贼王装进腰包，他就跑脱不开了。

19 衣钩——釜底抽薪：用衣钩把锅底废弃的柴火给抽离出来，添加新物。

20 恶灵——浑水摸鱼：一只恶灵跳进池塘里，搅乱了浑水，就趁机摸鱼了。

21 鳄鱼——金蝉脱壳：饥饿的鳄鱼咬住了一只金蝉，金蝉为了逃命，就脱掉了它的壳。

22 鹅——关门捉贼：大白鹅关上了门，捉住了一个贼人。

23 和尚——远交近攻：和尚喜欢打篮球，当球篮框在远方时就交给别人，近处时就攻击。

24 闹钟——假道伐虢：要在24小时内把自己嫁到法国（假道伐虢）去。

25 二胡——偷梁换柱：拉二胡的人偷走了你家的全部粮食，换了一根大柱子。

26 河流——指桑骂槐：站在河流的对岸，指着桑树，心里面骂的却是槐树。

27 耳机——假痴不癫：戴上耳机之后就开始假装自己有痴狂症，表现为疯疯癫癫的状态。

28 恶霸——上楼抽梯：恶霸很坏，等众人上楼之后就抽走木梯。

29 阿胶——树上开花：这种阿胶产品非常神奇，只要把它倒在树上，这棵树就立马开花结果了。

30 三轮——反客为主：生活不易，反对开三轮的客人给主人送礼。

31 鲨鱼——美人计：鲨鱼为了获得食物，就对猎物使用美人计。

32 扇儿——空城计：铁扇公主拿着扇儿，扇空了一座城池。

33 闪闪——反间计：对两个关系很好的人拿出一颗闪闪的钻石，从此他们的关系不再好。

34 三丝——苦肉计：用三丝包裹着一堆苦肉。

35 珊瑚——连环计：生长在海底的珊瑚是一环扣着一环的。

36 山路——走为上计：山路十八弯，走为上计。

数字编码的功能是巨大的，不仅可以记忆三十六计，只要是带数字序列的内容都可以快速记忆，比如，百家姓、梁山好汉一百零八将、56个民族、十八罗汉、12生肖等。

在2020年，我们学校有6位教记忆课程的老师可以背诵《道德经》《小学必背古诗词80首》《千字文》《三字经》。别人问他多少页的内容，他都能背出；别人问他原文的内容，他也可以说出页码。

要知道，他们只用了1个半月的工作闲余时间进行背诵，而他们使用的方法都是数字编码定位法，对原文内容进行联想。当然，原文有很多内容是抽象的，需要进行转化，在下一小节文字编码转化系统中会有具体分享。

下面请你用数字编码的方式来记忆十八罗汉。

坐鹿罗汉	欢喜罗汉	举钵罗汉	托塔罗汉	静坐罗汉	过江罗汉
骑象罗汉	笑狮罗汉	开心罗汉	探手罗汉	沉思罗汉	挖耳罗汉
布袋罗汉	芭蕉罗汉	长眉罗汉	看门罗汉	降龙罗汉	伏虎罗汉

2. 文字编码法

各位同学想一想，我们为什么要搭建文字编码系统呢？很简单的一个逻辑，上节讲道，想要快速地记忆数字，可以搭建数字编码系统。同样，想要快速地记忆文字项目内容，可以搭建文字编码系统。我们记忆的文章由句子构成，句子又是由词语构成，词语又是由单字构成。当我们搭建好了文字编码系统之后，可以将其用在字词、文章、书本、人名头像等记忆项目中。在世界记忆锦标赛的10大项目中，有3个项目是关于文字记忆的。

当然，我们对文字进行编码主要是针对抽象的字与词，通过转化对其展开画面联想。文字编码法一共有5种方式。

（1）谐音法

通过抽象词语的读音，将其转化为相似或相同的具体词语。举例：

南京——蓝鲸　　危机——喂鸡　　博弈——薄衣　　生活——生火

不得不说，谐音法可以快速地搭建起记忆系统，做到快速地把短小知识点内容熟记于心，但此种方法也存在缺陷。由于原有的记忆内容是抽象的，不具体，而转化后的内容都是形象具体的图像，因而长久保存在大脑中的内容是转化后的内容，在写的时候就很容易出错。

（2）取字面意思法

也就是望文生义，根据字面的意思去理解。举例：

如虎添翼——老虎长了一对翅膀。

百花齐放——100种花，在一起绽放。

瓜田李下——西瓜地里，西瓜把李子压住了。

十指连心——10根手指连接着心脏。

虽然取字面意思法对原有词语进行了破坏，但是此种方法最能有效地把原有的记忆内容给转化出来，从而提高了回忆的精准度。

（3）以点带面法

找到与原有的词语相关的词语，从而将其转化成具体形象的图像内容。举例：

数学——数学书　　世界——世界地图　　山西——煤炭　　日本——樱花

（4）增减倒字法

对记忆的词语进行增字、减字或者前后顺序调换，从而达到快速记忆的目的。举例：

复习——媳妇　　文化——花纹　　李香——香李子　　冲锋枪——枪

（5）场景图示法

把原有的词语想象成一个具体的场景或者是以小图标的样式表示出来。举例：

高兴——跑步拿第一的表情

飞跃——跨栏的样子；鲤鱼跃龙门

考级——钢琴考试（一架钢琴）

以上是抽象词语转换成形象词语的5种常用方法，在实践中，需要灵活多变的，有的词可能需要2种，甚至3种方法搭配使用。我们可以使用本章的"口诀记忆法"

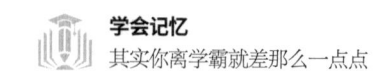

把这5种方法快速记忆下来。分别提取关键词：谐、字、点、倒、图，然后转化成具体的图像——"鞋子店盗图"，最后想象出场景。

你看，搭建了文字编码转化体系，就可以快速地把抽象词语转化成具体、形象的词语，从而在实战记忆句子、古诗、文章时达到快速记忆。

作为学生的我们，应该如何进行系统联想配对的训练呢？联想的基础性训练分2步：先进行一对一的简单词语训练；再进行多项词语混合训练。

（1）一对一的简单词语训练

我们一起来记忆下列词组：

书包—油鞋　　花圃—课桌　　冰箱—键盘

懊悔—电脑　　崎岖—杂乱无章　　演奏—衣服

联想的要求是，要看到左边的内容想到右边的内容，看到右边的内容想到左边的内容。你可以先尝试一下自己来联想，然后再看下面的联想。

词组	联想
书包—油鞋	我的书包里面装了一双油鞋。或者，我穿着油鞋不小心踩到了书包，留下了一个大脚印。
花圃—课桌	每次上课前，我都要去花圃里摘一枝花放在课桌上。
懊悔—电脑	我很懊悔，花了799元买了一台二手电脑，用了2天它就坏了。
崎岖—杂乱无章	我坐着马车通过这崎岖的山路，看到他杂乱无章的房间，瞬间难受了起来。
冰箱—键盘	我在网上买个冰箱就遭到了键盘侠的攻击。
演奏—衣服	一般去看钢琴演奏，都要穿比较正式的衣服。

我相信你可以根据上述的联想把这些词组都给记忆下来。下面，我要你把残缺的部分填写出来，我相信你能够回忆起来。

_____—油鞋　　　　花圃—_____　　　　冰箱—_____

懊悔—_____　　　　_____—杂乱无章　　　　_____—衣服

这样训练到底有什么作用呢？

其实，我们能熟练地掌握一对一联想配对法就能解决学习过程中好多的记忆难题。比如，在学习过程中有许多文章、诗词、单词的记忆，各个学科也有形式多样的记忆内容，它们都可以用一对一联想配对法来记忆。当然，这部分的知识点会跟大家在第五章进行分享。

（2）多项词语混合训练

按顺序记忆以下的10个词语：农民、土地、手表、猪、白酒、杯子、米饭、牛奶、石头、医院。

联想记忆：下午时分，农民伯伯在土地里干农活，来了一个大腹便便的中年男子，手上戴着一只鎏金手表，原来这是他在城里卖猪肉的大表哥回乡。晚上农民伯伯做东，提了一坛白酒，找来两个杯子，喝到凌晨3点，一点米饭也没吃。第二天一早，表哥起床喝了一点牛奶就开始运动，结果被石头绊倒在地血流不止，农民立马把他送进医院。

（3）联想的4大原则

①形象。联想时要尽量使联想内容形象化。在图像记忆法中我们讲了，图像相对于文字来说，更容易持久地储存在大脑之中。比如，当我说"苹果"这个词时，你的脑海里浮现的不是这两个字，而是一个红彤彤的苹果形象（最好在苹果皮的表皮面上还有一些斑点）。

②生动。在出图的同时还要尽可能赋予物体运动的、立体的、多层次的色彩。比如，在想象"汽车"时，我们就应该具体地去想象一下汽车的大小、颜色、材质、品牌，以及这辆车在高速上、城市道路上、抑或是山地里面开的感觉有什么不同。总之，要让记忆内容动起来，并尽可能调动身体其他部位的感觉去记忆它。

③夸张。人们容易忘记平淡无奇的事，相反对那些荒诞、夸张、不合常理的事却能终身不忘。比如，在我的小时候经常听说某某被狗咬了，这样的记忆就很平常了；但是如果你听说你们当地有一个人把狗给咬伤了，那我想你一定是不会忘记的。

④关己。回想一下，当你多年后拿到一张小学毕业或者高中毕业甚至是参加会议活动时的照片时，你是不是首先去寻找你自己的身影？因此，我们在进行联想的时候，如果把记忆的内容同自己联系起来，就会让我们记得更加牢固。

下面请你用抽象词转化形象词语的5大方法对下列词语进行转化，然后和大家一起交流吧。

提前——　　　不许——　　　森严——　　　商量——

市场——　　　时常——　　　识别——　　　水平——

说明——　　　失去——　　　生病——　　　生动——

3.字母编码

想要英语成绩好,就需要积累大量的单词。而对于中小学生来说,学习英语最大的难题就是背单词。如何快速地记单词呢?建立字母编码系统,就能快速地对单词进行拆分记忆。

其实英文单词同数字一样,对我们的大脑来说是一些抽象的字母组合,没有多少可以解释的意义,所以难记。因此,我们要发挥右脑的想象力,提前把26个抽象的字母,转换成形象的图像,如表4-2所示。

表4-2 单字母转化表

字母	编码	图画(可自画)	字母	编码	图画(可自画)
Aa	苹果		Nn	门	
Bb	笔		Oo	鸡蛋	
Cc	月亮		Pp	猪	
Dd	弟弟		Qq	气球	
Ee	鹅		Rr	小草	
Ff	斧头		Ss	蛇	
Gg	鸽子		Tt	雨伞	
Hh	椅子		Uu	桶	
Ii	蜡烛		Vv	胜利	
Jj	鱼钩		Ww	皇冠	
Kk	机枪		Xx	剪刀	
Ll	棍子		Yy	衣杈	
Mm	麦当劳		Zz	鸭子	

备注:字母编码转化是单词记忆中非常重要的内容,请大家一定要牢记于心。

字母编码的用处主要是方便记忆英语单词。26个英文字母也就是26个图像。但光靠单字母编码是不足以支撑单词记忆的,因此就有了多字母组合编码,如表4-3所示。

表4-3 多字母转化表

字母组合	转换参考	你的转换	字母组合	转换参考	你的转换
ac	AC米兰		fr	飞人、夫人	
ad	广告		ge	哥哥	
ag	银的元素符号		gen	根	
av	视频音频文件		gl	高佬	
al	al（1）所有		gr	高人	
am	上午		ic	IC卡	
ap	阿婆		ip	IP卡	
au	金的元素符号		iq	IQ	
be	是		iv	古罗马数字4	
bl	61		ive	I've	
br	别人		la	拉	
bu	不		lan	蓝色	
che	车		ma	妈	
chi	吃		max	最大	
ck	皮带		min	最小	
cpu	电脑处理器		ml	毫升	
cu	铜的元素符号		mm	妹妹	
dis	的士		nam	纳米	
ee	两只鹅		ni	你	
eg	eg（g）蛋		oo	眼镜	
eq	EQ博士		ou	呕	
es	鹅屎		pi	皮	
esc	取消键		pl	漂亮	
et	ET外星人		po	破	
exe	电脑执行文件		pr	仆人	
eve	人脸		re	热	
fe	飞蛾		rob	萝卜	
fl	飞了		rr	两颗草	
fa	头发		ry	人妖	

093

续表

字母组合	转换参考	你的转换	字母组合	转换参考	你的转换
se	蛇		ta	他	
sl	司令		th	天河	
sp	蛇皮		tion	神	
sth	石头		vi	古罗马数字6	
sy	蛇妖		wa	哇	

当我们拥有了字母编码以后，就可以进行真正的单词记忆了，本篇给大家分享一个单词记忆。在第7章中，会给大家讲解如何具体地去记忆单词。

例如，我们要记忆ambition（目标），这个单词就可以拆分为：am上午+bi笔+tion神。拆分好了以后就可以联想成：上午我用笔，神采飞扬地写下期末考试要拿班级第一，老师夸我有追求的目标。

请你思考一下，《最强大脑》上面展现过非常多惊人的项目，如果现在要让你记忆一副扑克牌，你能通过编码的方式把它记住吗？如果要编码，那么你应该怎么来做？

第七节　万能记忆六步法：全面提升你的记忆能力

在前面的章节中，各位同学已经学会了6大记忆方法。但当你想要实际实用时，当你再次面对需要背诵的资料时，你是否又不知道应该怎么使用了？

当然，这不只是你一个人所面临的情况，而是非常多的学生都会存在的问题。那我们到底应该如何使用以上的记忆方法来解决记忆难题呢？

经过不断地总结，我发现了问题的症结：很多同学有时候真的是"为了记忆而去记忆"，根本就不去思考自己为什么要记这个内容，以及我应该怎样记才能得高分等。所以，在记忆之前一定得去分析记忆内容的性质，而此时我们使用万能记忆六步法就能很好地去解决掉这些记忆难题，从而达到高效记忆，获得不错的考试分数。万能记忆六步法到底是怎样的一种记忆方法呢？从它的名字就可以知道，这个方法一共分为六步，分别是：明确记忆内容；设定记忆目标；熟悉记忆内容；选择记忆方法；攻克记忆难点；科学复习。

1. 明确记忆内容

各位同学都有过期末考试的经历，不知道以下这个场景，你是否熟悉？

距离期末考试还有一周复习时间了，历史老师说要考的知识点都在课本上，而当你看着书本中密密麻麻的文字时，不禁开始怀疑起自己的人生了。

这些内容都需要我们背诵吗？答案肯定是否定的。

庄子曾说过："吾生也有涯，而知也无涯。以有涯随无涯，殆已！"什么意思呢？知识是无限的，时间是有限的，因此明确考试必背内容是必须的。

你先要搞清楚什么？我个人认为记忆最重要的一点，是你要去搞清你背了这段内容对你有什么用，同时你也要跳出背诵的局限，从你的背书系统外面来观察背了这些东西对你的意义，而不是一味靠不断重复来啃下这些硬骨头。这能使你从主观上去认同背书，不去排斥背书，这样背的时候也不会那么容易焦躁。

2. 设定记忆目标

你要明白考试的目标是什么。能做的先做会，不能做的先放一放，而有的考试只要确保及格就可以了。我们认识的一些伟人、科学家、学者，经常听他们说年轻时会忘记约会的时间、生活中的琐事等，但是他们对于正在研究的课题、公式、定律却记得一清二楚。这就是动机带来的记忆效果，有意识地记忆可以帮助我们记得更久，没有意识的记忆是短时的记忆。

在2017年参加世界记忆锦标赛世界赛时，有一幕让我印象格外深刻：在比快速扑克牌第一轮的过程中，有一位老师记忆得非常快速，三十多秒就记忆完一整副扑克，可在与裁判复牌的时候出现了2张扑克位置颠倒，结果失败。

她哭了，哭得特别厉害，她说："为了参加比赛，离职参加训练，不想再失败了……"我安慰她说："你其他项目已经达标了，先保稳通过记忆大师的考核，再寻求速度。"

快速扑克有两轮挑战机会，第二次她放慢了自己的记忆速度，在2分钟以内准确地记住了一副扑克牌，成功获得了记忆大师荣誉称号。

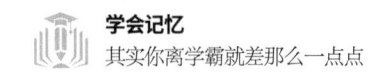

你看，这个故事中的老师，先是经历了一次失败，非常伤心，而后面通过调整自己的状态，设定好了记忆目标：2分钟以内记住一副扑克牌，于是在第二轮中达成自己的心愿，成功获得世界记忆大师荣誉称号。

我们在学习时，可以从以下的几个角度去思考自己的记忆目标。

明确使用场景：它会如何出题？其实就是学科考试中的选择题、判断题、填空题、简答题、问答题、写作题、资料分析题、案例解析题等。

明确使用频率：它出现的频率有多大？其实就是学科考试中的必考、常考、偶尔考、偏题等。

明确记忆程度：记到什么程度就够了？其实就是问我们在记忆过程中需要做到怎样的回忆程度，是完全掌握（100%记忆），还是熟悉（关键词记忆），或者是了解、有印象。

举例分享：按吞吐量算，世界最大的港口是哪个？

A. 纽约港　　　　B. 神户港　　　　C. 鹿特丹港　　　　D. 上海港

正确答案是C，鹿特丹港。于此，我们就得学会用3大思路去分析，使用场景：选择题、填空题；使用频率：常考题；记忆程度：了解、有印象。

因此就可以使用图像记忆法：荷兰的鹿特别大，能吞食很多的丹药。

所以你看，明确记忆目标是我们在学科考试时，不可缺少的一个环节，学会分析内容，会让我们在今后的记忆过程中事半功倍。

3. 熟悉记忆内容

回想一下，在我们新学期学习文言文，你的语文老师是不是首先让你熟读一遍，看是否有不认识的生字词，并且翻译原文？这是干嘛？熟悉内容啊！所以在背诵知识点的时候，一定要去理解内容的整体框架。

举例分享：

伯牙鼓琴

伯牙鼓琴，钟子期听之。方鼓琴而志在太山，钟子期曰："善哉乎鼓琴，巍巍乎若太山。"少选之间而志在流水，钟子期又曰："善哉乎鼓琴，汤汤乎若流水。"钟子期死，伯牙破琴绝弦，终身不复鼓琴，以为世无足复为鼓琴者。

于此，要背诵此篇文章就需要我们先对文章中的生字词进行注音，如"巍巍

(wēi wēi)"再进行文章翻译，知道本篇文章所讲的是什么内容。

译文：伯牙擅长弹琴，钟子期擅长倾听琴声。伯牙弹琴的时候，心里想到巍峨的泰山，钟子期听了赞叹道："太好了！就像巍峨的泰山屹立在我的面前！"伯牙弹琴时，心里想到宽广的江河，钟子期赞叹道："好啊，宛如一望无际的江河在我面前流动！"无论伯牙弹琴的时候心里想到什么，钟子期都会清楚地道出他的心声。钟子期去世后，伯牙就此认为世界上再也没有他的知音了。于是，他坚决地把自己心爱的琴摔破了，挑断了琴弦，终生不再弹琴，以便绝了自己对钟子期的思念。

当然，如果本篇文章作为古文考试，就需要我们去分析它出现在填空题中的概率大一些，还是出现在阅读理解题中的概率大，此时就可以查阅往年的相关考题试卷及相关资料，从而筛选出核心考点。

4. 选择记忆方法

在本章节中，我们讲解了6大记忆方法来解决我们要记忆的难题，分别是图像记忆法、故事串联法、口诀记忆法、绘图记忆法、记忆宫殿法、编码记忆法。

举例分享：我国古代的四大美女分别是西施、王昭君、貂蝉、杨玉环。

此类信息材料是非常短小与简单的，因此就可以对这些人名进行提取关键字，浓缩成口诀："西望残阳（向西望残阳）"。

5. 攻克记忆难点

对于考试背书来讲，搞定那20%的必考知识点，就能得到80%的考试成绩。

举例分享：

中日签订的《马关条约》的内容主要有：

- 中国割让台湾及附属岛屿、澎湖列岛和辽东半岛给日本；
- 赔偿日本军费白银2亿两；
- 开放沙市、重庆、苏州、杭州为商埠，日本轮船可以沿内河驶入各港口；
- 允许日本在中国通商口岸开设工厂，产品运销中国内地免收内地税。

我们可以对内容进行分析，这样的考核内容一般出现在解答题中，而对于解答题，我们只需要把关键部分答出即可。因此选择的记忆方法可以是口诀记忆法，但是在使用口诀记忆的过程中，需要对材料进行加工缩减。第一部分简化后是割地（台、彭、辽）；第二部分内容简化为赔款（2亿两）；第三部分简化为开口岸（沙、重、苏、杭）；第四部分简化为开免税厂（设厂、免税）。

口诀多次重组后就可以是："哥哥开厂赔2亿"。哥哥——割地（台、彭、辽）；开——开口岸（沙、重、苏、杭）；厂——开免税厂（设厂、免税）；赔2亿——赔款（2亿两）。

6.科学复习

相信各位同学非常清楚科学复习的意义。它把短时记忆转为长时记忆，从而实现永久记忆。其实在学校，考试是最好的复习方式，所以各位同学一定要接纳学校的考试。

一些同学会直接从第4步选择记忆方法入手记忆材料，在记忆的过程中利用自己的记忆方法去攻克记忆难点。殊不知，想要做到高效地去记住我们想要记忆的内容，是需要分为6大步骤的，在记忆之前的捋清思路与在记忆之后的科学复习与攻克记忆难点同等重要。

本章总结

本章节主要给各位同学分享了图像记忆法、故事串联法、绘图记忆法、口诀记忆法、记忆宫殿法、编码记忆法、万能记忆六步法7种快速记忆的方法。

图像记忆法与故事串联法是所有方法的基础，只有学好这2大基础方法后（方法后的规则尤为重要，各位同学可反复阅读，此部分内容），再使用后面的记忆方法才会事半功倍。

绘图记忆法则是为那些在大脑中出图困难的同学及成人量身打造的，在使用这一方法时须注意绘制图形记忆的5个步骤、通读理解、选择关键词或简化内容、关键词制图、对照图画背诵修正、多次复习，同时也不应该为了绘图而绘图，你的目的是记忆。

口诀记忆法则是对上述3大方法的补充，可用于短小知识点的记忆，对于使用者的水平要求较高，多多练习也能很好地掌握。

从讲解内容的字数来看就能知道，记忆宫殿法与编码记忆法这两大方法是上述4种记忆方法的升阶。它们也是世界记忆大师们都在使用的方法，值得注意的是创建记忆宫殿法的5大步骤：建立宫殿、确定记忆路线、路线中列出明显的特征物品、记忆内容与宫殿中的物品联结、回忆宫殿路线及定位物品。

在编码记忆法中，我们分别对数字、文字、字母3种信息进行了编码，大家一定要将编码熟记于心，有了它就也可以做到将一本书倒背如流。

最后一种方法是万能记忆六步法，更多的是给各位同学提供了一种学习考试得高分的方法，以及面对一个知识点应该怎样去进行分析记忆等。我还要告诉大家的是，大脑是一个有机生命体，使用任何的记忆方法来记忆知识点都是需要复习的，祝大家能够流畅地使用这几种记忆方法来解决学习中的难点。

作者答疑：编故事记忆，好记又有趣

2018年，一位朋友给我分享了他小时候的故事。他的爸爸是一个文学爱好者，接触过非常多的文学经典作品，因此也就一直要求他多接触文学作品，陶冶情操。一天，他的爸爸突然问他："鲁迅先生都写过哪些文章啊？"他爸爸其实是随便问问，即使他说不出来，也不会责备他。没想到，我那位同事立刻答道："有《狂人日记》《孔乙己》《从百草园到三味书屋》《一件小事》《故乡》《社戏》等。"

他爸爸一下子惊呆了，笑着问道："你怎么记住这么多文章的？"我那同事开心地说："很简单啊，我把它们都编成了故事来记忆，鲁迅写完《狂人日记》，《从百草园到三味书屋》，找《孔乙己》，请他帮忙做《一件小事》，然后回到《故乡》看《社戏》。"

作者答疑：

你看，我这位同事在小时候使用的记忆方法就是故事串联记忆法，他通过编故事的方式进行记忆。

其实，每个人都喜欢听故事，而且对感兴趣的故事记忆深刻。故事中的情节能吸引我们的注意，让我们在不知不觉中就牢记于心。

有些记忆材料之间没什么直接联系，这时候如果能人为地给它们建立起一些联系，就能方便回忆。故事记忆法最大的优势就是把枯燥的记忆材料变成生动有趣的故事。另外，在我们编故事的过程中，就已经参与了记忆，等故事一编完，就差不多记住了。

值得一提的是，故事法也不是万能的，仅适合于记忆那些明确的事物，如名称、人物、时间、地点等。

第五章

4篇文章，
让你掌握所有类型的语文知识

语文是从小学到大学都在学习的科目，可为什么还是有许多同学在考试中只能拿到一个很低的分数呢？我想大部分的原因还是出在了理解与记忆的环节上。本章就从记忆的角度出发，用4篇文章来帮助各位同学掌握所有类型的语文知识。

学会记忆
其实你离学霸就差那么一点点

第一节 生僻字、易错字记忆

《生僻字》这首歌，我相信大家都听过，并且还有很多的同学会唱。记得这首歌非常火的时候，我们班一下课，同学们都开始哼唱起来。但如果我们把歌词中的字给单独拎出来，让同学们读，很多人又懵了，这究竟读什么啊？可能很多的同学都听老师讲过一个笑话："中国人识字看半边"。

我们在学习中同样会遇到这样的困难，看过的字，知道了读音，可是这个字下次再出现时，又不知道应该怎么来读，导致把时间花在了查字典的上面。

1. 应该怎么记忆生僻字

首先来分析一下为什么记不住。难点究竟在哪里呢？有的人说是因为生僻字太复杂，还有的人说生僻字使用不多。当然这都是一部分原因。其实，记不住这些字的根本原因在于文字本身跟文字的读音没有任何联系，我们在记忆时通常是靠死记硬背将两者强行串联在一起。因此，一旦时间长了，就会出现看到文字感觉似曾相识，却又无法准确地回忆出读音来的现象。

既然知道了难点，在记忆这类信息时，我们就要想办法将文字和读音联系起来，这样看到其中一个就可以很好地想起下一个。

比如，"槑"字，大家知道这个字应该怎么读吗？读méi。当我们看到类似于这类型的字，并且知道了它的读音以后，就可对汉字进行拆解，然后连同读音进行编排、联想了。"槑"字由两个"呆"字组成，读音为méi，所以就可以联想成：两个呆子在一起，什么就没了。

再如，"兲"字，读tiān。运用上述的方法，对汉字进行拆解，然后加上读音tiān，就可以联想成：王八倒地，四脚朝天。

2.学习中遇到的字

可能很多同学就会说:"老师,这种类型的字,在学习中是很少遇到的,记不记它都无所谓。"确实是这个道理,这种字在学习中很少遇到,可能你一生也就见它那么几次,讲上面的案例,更重要的是让你能够懂得在今后的学习中,遇到生僻的字,应该怎么来记忆,便于在下一次看到它的时候,不用翻字典就能读出来。

那么在我们的学习中,应该怎样来积累生字词的记忆呢?

(1)猜谜语法

我记得在上小学一年级的时候,小伙伴经常在一起玩猜字谜的游戏,不仅能够很好地记住它,还能增强伙伴之间的感情。由此可见,这不失为一种很好的记忆汉字的方法。下面我举几个例子,便于你理解使用它。

①一天,王师傅和白师傅干活太累了,坐在一块大石头上休息。

谜底:碧,可以想到诗句,碧玉妆成一树高。

②三人一大早就出门观日。

谜底:春,可以想到诗句,春城无处不开花。

③鬼子又进村了。

谜底:树,可以想到诗句,千树万树梨花开。

④三个太阳当空照。

谜底:晶,可以想到诗句,水晶帘动微风起,满架蔷薇一院香。

(2)加减笔画法

在遇到一些字形相近的字的时候,我们就可以使用加减笔画法来记忆。汉字有很多字是非常接近的,多一笔少一笔,多一点少一点,就变成了另外一个字,所以对于这些字也可以集中一起认知,分清细微差别。比如,由"日"字加一点就可以演变出旧、甲、白、田、旦、由、目、电、申等字。

①"兔"字,减一点就变成了免字。

②"幻"字,加一撇就变成了幼字。

③"折"字,加一点就变了成拆字。

(3)对比记忆法

我们在学习中,还会遇到相似的字形、字音,此时就可以使用对比记忆法来进行记忆。对比记忆法是在加减笔画法的基础之上演变的。比如，在看到"己、已、巳"这3个字的时候，就可以编成口诀：自己空，已经中，巳字堵墙不透风。

① "包"字加了偏旁部首，变成了"跑、抱、袍、炮"这4个字，在面对这样的字的时候，运用口诀进行区分。有足就是跑，有手就是抱，有衣就是袍，有火就是炮。

② "青"字加了偏旁部首后，变成了"清、蜻、精、睛、请"这5个字，运用口诀进行区分。有水看得清，有虫是蜻蜓，有米来精神，有目眼睛亮，语言文明要用请。

当然，在实际运用的过程中，还会有很多记忆生字的方法，如卡片法、故事法、图像法、括号记忆法、组词造句法、讨论记忆法等。在记忆生字时，各位同学要打开自己的思维，只有想不到，没有做不到。

3. 考试中的易错字

在每年的高考语文试卷题中，前几个选择题一般都是考核学生的辨别字形、字音的题，下面我给大家分享几个案例，便于大家理解并使用此种方法。

（2017年高考题）下列词语，只有一个错别字的一项是（　　　）。

A. 家具　　炒鱿鱼　　声名雀起　　徇私舞弊
B. 装璜　　倒计时　　开源截流　　老生长谈
C. 邪教　　明信片　　和衷共济　　心无旁骛
D. 提词　　摄相机　　既往开来　　磬竹难书

对于基础好点的同学来说，这简直就是送分题，对于基础较差的同学来讲，答对是相对困难的。那么，这道题的答案是什么呢？

我们先来看看A、B、C、D 4个选项中分别有哪些字出现了错误。A选项中"声名雀起"应该是"声名鹊起"；B选项中"装璜"应该是"装潢"，"开源截流"应该是"开源节流"，"老生长谈"应该是"老生常谈"；C选项中没有错别字；D选项中"提词"应该是"题词"，"摄相机"应该是"摄像机"，"既往开来"应该是"继往开来"，"磬竹难书"应该是"罄竹难书"。所以本题选项中只有一个错别字的答案应该选A。

你选对了吗？

下面我们再来看看这道题：没有错别字的一项是（　　）。

A. 作文都应提倡简炼，而拖沓是作文大病

B. 王强在运动场上拿了第5名，还需再接再励

C. 法官不能贪脏枉法、徇私舞弊，而应公正廉洁、执法严明

D. 在这上面鞭辟入里，烘染尽致，使你所写的事理情态成一世界

现在给你1分钟时间，请你做出正确的选择。同样，我们来看看4个选项中都有哪些错误，A选项中简"练"，B选项中再接再"厉"，C选项中贪"赃"枉法，因此选D。

你的答案正确吗？其实对于选项中的字，很多同学在写的时候，同样会出错。面对这样的易错点，大家可以拿出一个本子，专门来记录，然后使用记忆方法把它给记住，避免下次再犯同样的错误。

拿上述例题中的"声名鹊起"来举例：鹊，可以想到古时候的扁鹊，他的医术精湛，名声大噪。记住之后下次就不会写成"声名雀起"了。

各位同学通过以上的学习，清楚并了解了生僻易错字的记忆以后，也一定要在学习中好好地去使用此种方法来进行记忆及区分。请你按照上述的方法来区分下面的词（括号中是正确的字）。

爱带（戴）、白晰（皙）、爆（暴）乱、报筹（酬）、暴（爆）炸

卑却（怯）、辩（辨）析、恶（噩）耗、材（才）华、喝采（彩）

翶（遨）游、娘两（俩）、更叠（迭）、恰（洽）商、起讫（迄）

第二节　文学修辞手法记忆

在语文学习的过程中，有非常多的修辞手法需要我们学习并使用它们。修辞手法是语文学习中重要的知识点内容，修辞手法在语文写作中运用得十分广泛，一篇优质的文章肯定离不开各种修辞手法的运用。因此，掌握好修辞手法，就能够很好地提升孩子们的语文成绩。

修辞手法有多种的形式，如：比喻、拟人、夸张、排比、借代等都是语文中常

用也是常考的知识点。

1. 文学修辞手法口诀

下面我就简单地分享一些特级语文老师帮助同学们在学习过程中记忆修辞手法的技巧。

（1）比喻口诀

比喻打比方，生动又形象。明喻甲像乙，暗喻甲是乙。见乙不见甲，借喻略本体，说乙再说甲，人们叫隐喻。

- 比喻：叶子很高，像亭亭的舞女的裙。——朱自清《荷塘月色》
- 明喻：如果你仔细看那些细小的脚，你会想起图画上蛟龙的爪子。——叶圣陶《爬山虎的脚》
- 暗喻：她是夜明珠，暗夜里，放射出灿烂的光芒。——雷抒雁《小草在歌唱》
- 借喻：我似乎打了一个寒噤；我就知道，我们之间已经隔了一层可悲的厚障壁了，我也说不出话。——鲁迅《故乡》
- 隐喻：羊肚子手巾包冰糖，虽然人穷好心肠。——李季《王贵与李香香》

（2）借代口诀

借代像借喻，统统略本体。借代非借喻，借喻非借代。以此代彼是借代，以此喻彼是借喻。借代富有形象性，事物特征更鲜明。

- 借代：两岸青山相对出，孤帆一片日边来。——李白《望天门山》。这里就是用船的一部分"帆"代替了船。

（3）夸张口诀

"言过其实"叫夸张，表达感情非寻常。夸张词句表事物，突出特征更加强。"夸而有节"正刚好，增添文彩助想象。"夸而无节"成狂言，信手败笔损文章。

- 夸张：力拔山兮气盖世。——《垓下歌》项羽

（4）对偶、对仗口诀

对偶对仗，结构一样。词性相同，字数相当；字句对称，节奏铿锵。朗朗上口，易记心上。

- 对偶：海内存知己，天涯若比邻。——王勃《送杜少府之任蜀州》
- 对仗：即从巴峡穿巫峡，便下襄阳向洛阳。——杜甫《闻官军收河南河北》

（5）反语口诀

反语是反话，讽刺味辛辣。讽自警钟响，刺敌如刀枪。

● 反语：当三个女子从容地转辗于文明人所发明的枪弹的攒射中的时候，这是怎样的一个惊心动魄的伟大啊！中国军人屠戮妇婴的伟绩，八国联军的惩创学生的武功，不幸全被这几缕血痕抹杀了。——鲁迅《华盖集续编·记念刘和珍君》

（6）排比口诀

排比一大串，语气多连贯。结构相类似，意义相关联。条理更清晰，层层递进说。排比可记叙，排比可抒情。强调又深入，道尽满腹情。滔滔话语来，串串妙句挥。

● 排比：山朗润起来了，水涨起来了，太阳的脸也红起来了。——朱自清《春》

2. 文学修辞手法练习

通过上述的学习，我相信你已经能够辨别并很好地使用这几种常用的修辞手法了，下面有一些练习题，看看通过刚才的学习，你能够拿到多少分？

判断下列各句中分别运用了哪些修辞手法，并填写在括号里面。

①豆大点的人也想造反。　　　　　　　　　　　　（　　）

②春天，蝴蝶在花丛中翩翩起舞。　　　　　　　　（　　）

③学习如钻探石油，钻得愈深，愈能找到知识的精髓。（　　）

④一年之计，莫如树谷；十年之计，莫如树木；终身之计，莫如树人。

（　　）

⑤这件事怎么不是你的错呢？　　　　　　　　　　（　　）

⑥危楼高百尺，手可摘星辰。　　　　　　　　　　（　　）

⑦花儿在欢笑，鸟儿在歌唱，小草在翩翩起舞。　　（　　）

⑧老师是园丁，我们是花朵。　　　　　　　　　　（　　）

⑨学如逆水行舟，不进则退。　　　　　　　　　　（　　）

答案：夸张；拟人；比喻；排比；反问；夸张；拟人；比喻；比喻。

各位同学，你在以前的学习过程中是否也有这样去总结过修辞手法的记忆呢？现在请你再回想一下，你还学过哪些修辞手法？能够运用口诀记忆的方式把它编排出来吗？

第三节　各种文学常识记忆

在语文知识的记忆之中,我们也将会遇到非常多的文学常识,这些常识可能会出现在期末考试中,也有可能出现在升学考试中,一般分值都会在4~8分。而在教育改革之后,中高考对于这部分的知识考察得越来越多。这几分放在中考或者高考中就不得了了,可能是重点中学和普通高中的区别,是名牌大学和普通一本的差距。

2019年,我在太原教学时,当地的小升初考试就会考核学生对文学常识的记忆。比如,有一道题是在问:我国的四史是哪四部作品?

答案是:《史记》《汉书》《后汉书》《三国志》。

如果你会使用记忆方法,那么记忆这些知识点,将会变得非常简单。

参考联想:2叔三室(2叔家里面有三室一厅,是大户人家)。

1. 作者、作品记忆

唐宋八大家:韩愈、柳宗元、欧阳修、苏洵、苏轼、苏辙、王安石、曾巩。

记忆小妙招:一韩一柳一欧阳,三苏曾巩带一王。

一门父子三词客:苏洵(老苏)、苏轼(大苏)、苏辙(小苏)。

记忆小妙招:三苏巡(洵)视(轼)这(辙)里。

豪放派词人:苏轼、辛弃疾,并称"苏辛"。

记忆小妙招:歌手苏醒豪放。

婉约派词人:李清照。

记忆小妙招:李清照非常婉约。

屈原:中国最早的爱国诗人,他创造了"楚辞"这一新诗体,开创了中国诗歌浪漫主义风格。

记忆小妙招:屈原很浪漫,写出楚辞送佳人。

杜甫是唐代伟大的现实主义诗人,被尊为"诗圣",有著名的"三吏":《潼关吏》《石壕吏》《新安吏》;"三别":《新婚别》《垂老别》《无家别》。

记忆小妙招:杜甫在潼关下的石壕坑中,找到一个非常新的安全帽,拿他做新婚头饰,娘家人认为他很抠,到老也不让他归家。

元曲四大家:关汉卿、郑光祖、白朴、马致远。

记忆小妙招:花了10元钱进动物园,观(关汉卿)光(郑光祖)白(白朴)马(马致远)。

2. 中国"文学作品、作家之最"记忆

最早的爱国诗人是屈原。

记忆小妙招:屈原爱江山爱美人,还给他们写诗。

最早的田园诗人是东晋的陶渊明。

记忆小妙招:爱进田干活的陶渊明。

最早的也是最杰出的边塞诗人是盛唐的高适和岑参。

记忆小妙招:我们学校的"高层"都爱去边塞徒步写诗。

古代最著名的爱国词人是南宋的辛弃疾。

记忆小妙招:哪怕辛弃疾的词很难诵读,因为爱国,我也要背下几篇。

古代最杰出的文言短篇小说集是清代蒲松龄的《聊斋志异》。

记忆小妙招:大清早坐在松树岭上看《聊斋志异》。

古代最早的记事详备的编年体史书是《左传》。

记忆小妙招:变脸的人在我的左边传菜。

3. 文化常识记忆

初唐四杰:王勃、杨炯、卢照邻、骆宾王。

记忆小妙招:双王(王勃、骆宾王)养(杨炯)鹿(卢照邻)。

四大古典名著:《红楼梦》《三国演义》《水浒传》《西游记》。

记忆小妙招:西(西游记)山(三国演义)洪(红楼梦)水(水浒传)。

四大民间传说:《牛郎织女》《梁山伯与祝英台》《孟姜女》《白蛇传》。

记忆小妙招:民间传说流(牛郎织女)量(梁山伯与祝英台)蛇(白蛇传)女(孟姜女)是美杜莎。

世界四大短篇小说巨匠:契诃夫、莫泊桑、马克·吐温、欧·亨利。

记忆小妙招:莫(莫泊桑)骑(契诃夫)欧(欧·亨利)马(马克·吐温)。

（不要骑欧洲的马，因为它很巨大）。

所以你看，在我们的学习过程中，诸如此类的知识点记忆是非常多的，所以大家在学习的过程中还是需要时常总结，以便找到自己的学习方法，从而高效记忆，考取一个不错的成绩。

下面请你再思考一下，在你学习的过程中还有哪些琐碎的语文知识点是需要记忆的？请你至少完成5个记忆案例的挑战。

第四节　现代文、文言文的记忆

我相信每位同学在新学期看到语文书发下来时，都会对"全文背诵"这4个字产生畏难情绪。在前面的章节中，我已经给大家讲过记忆古诗词的几种方法，那么本节内容主要帮助大家解决课本中的现代文与文言文记忆。

1. 你为什么记不住长篇文章

你为什么记不住长篇的文章？很简单，一是课文内容生硬难以理解，导致很多人直接放弃；二是课文内容较长，我们的大脑天生就对密而杂的东西感到畏惧，导致记到一半就不记忆了。

因此，我们就需要从这两点出发来解决文章的背诵困难。总的来说，背诵文章就是分为两大步骤：整理和记忆。

整理是把文章从厚读成薄的过程，它需要你通过多次阅读或者查阅相关资料进行理解；记忆则是把书从薄读成厚的过程。记忆整篇文章主要将用到定桩法、绘图法、串联法，以及这几种方法的结合使用。用这几种方法，我们可以迅速、牢固且一字不漏地记忆诗歌、文字段落，以及整篇文章。

2. 现代文记忆

文章记忆算得上是记忆法最重要的应用，要求比较高。需要我们的左右脑分工合作，综合使用文章整理技巧和灵活运用各种记忆方法。

下面我就给大家选取了一篇六年级必背课文《匆匆》，做案例分享：

匆匆

朱自清

燕子去了，有再来的时候；杨柳枯了，有再青的时候；桃花谢了，有再开的时候。但是，聪明的，你告诉我，我们的日子为什么一去不复返呢？——是有人偷了他们吧：那是谁？又藏在何处呢？是他们自己逃走了吧：现在又到了哪里呢？

我不知道他们给了我们多少日子，但我的手确乎是渐渐空虚了。在默默里算着，八千多日子已经从我手中溜去，像针尖上一滴水滴在大海里，我的日子滴在时间的流里，没有声音，也没有影子。我不禁头涔涔而泪潸潸了。

去的尽管去了，来的尽管来着，去来的中间，又怎样地匆匆呢？早上我起来的时候，小屋里射进两三方斜斜的太阳。太阳他有脚啊，轻轻悄悄地挪移了，我也茫茫然跟着旋转。于是——洗手的时候，日子从水盆里过去；吃饭的时候，日子从饭碗里过去；默默时，便从凝然的双眼前过去；我觉察他去得匆匆了，伸出手遮挽时，他又从遮挽的手边过去；天黑时，我躺在床上，他便伶伶俐俐地从我身上跨过，从我脚边飞走了；等我睁开眼和太阳再见，这算又溜走了一日；我掩面叹息，但是新来的日子的影儿又开始在叹息里闪过了。

在逃去如飞的日子里，在千门万户的世界里的我能做些什么呢？只有徘徊罢了，只有匆匆罢了。在八千多日的匆匆里，除徘徊外，又剩些什么呢？过去的日子如轻烟，被微风吹散了，如薄雾，被初阳蒸融了；我留着些什么痕迹呢？我何曾留着像游丝样的痕迹呢？我赤裸裸来到这世界，转眼间也将赤裸裸地回去吧？但不能平的，为什么偏要白白走这一遭啊？

你聪明的，告诉我，我们的日子为什么一去不复返呢？

面对这样的长篇课文，第一步，我们可以先熟读几遍，针对文章的内容也就有了大致理解，现在我们先看看每一段的内容写的是什么。

- 第一段通过对比了解日子的一去不复返，并提出问题：我们的日子为什么一去不复返呢？
- 第二段反思自己的日子去哪里了，用了一个比喻句写出了日子的匆匆流逝。
- 第三段从自己一天的日子出发，具体描述自己的日子到底去哪里了。
- 第四段写反思后，认定自己不能来这个世上白走一遭。

- 第五段又把问句提出来引人深思。

第二步，找出文中的关键点部分，可以是关键句、关键词，甚至关键字。

- 第一段：燕子、杨柳、桃花、日子不复返。
- 第二段：分析后得知是日子溜走了、手中、水滴。
- 第三段：早上（洗手、吃饭、默默、天黑）、睁眼、叹息。
- 第四段：我能做什么？徘徊、匆匆、5个设问。
- 第五段：不复返。

第三步，对以上的关键句、词信息展开联想并绘图（图5-1~图5-4）。

图5-1　第一段内容绘图（杨红睿/绘）

图5-2　第二段内容绘图（杨红睿/绘）

图5-3　第三段内容绘图（杨红睿/绘）

图5-4　第四&五段内容绘图（杨红睿/绘）

第四步，对图像内容进行还原修正。大家一定要记住一点，很多时候我们绘图完成并不代表记忆完成，还需要对绘制内容进行调整修改，便于更好地将知识储存在大脑中，比如，很多同学知道每一幅图的含义，可总是会漏掉几句，因此就需要对其做细微调整。比如，在第一段的绘图中增加了每一句的序号及箭头，虽然是一个很小的改动，但却能够很好地让你完整地背下来（图5-5）。

图5-5　第一段内容绘图修正后（杨红睿/绘）

第五步，多次复习。在前面的章节中，我已经强调过很多次复习的方法和重要性了，就不再这里过多地分享。

下面，我们再来看看这篇文章《长城与运河》。

长城和运河

我驾驶着飞机航行在祖国的蓝天，

一个奇异的景象出现在我的眼前：

像巨龙穿行在大地，连绵起伏，曲折蜿蜒。

东起山海关，西到嘉峪关，万里长城谱写了不朽的诗篇。

是谁创造了这人间奇迹？

是我们中华民族的祖先。

我驾驶着飞机航行在祖国的蓝天，

一个奇异的景象出现在我的眼前：

像绸带飘落在大地，银光闪闪，伸向天边。

北起首都北京，南到天堂杭州，京杭大运河谱写了动人的诗篇。

是谁创造了这人间奇迹？

是我们中华民族的祖先。

看到这篇文章以后，你会怎么记忆？还是按照我讲的上一篇文章的方法吗？如果你用了，那也没关系，我相信你也是能够记忆下来的，只是下面我将带你用另外的一种方法牢牢地记住它。

大家还得在上一章我们学习的编码记忆法吗？里面有提及数字编码，当时我就说掌握了数字编码，那么你就可以背下一本书。现在我就用数字编码法带你记住这篇文章。

首先，我们需要熟读课文，知道原文的意思，接下来就数数这里面有多少句话，紧接着就找到相对应的编码与之联结，最后可达到正背、倒背及抽背。

方法讲解：

小树——我驾驶着飞机航行在祖国的蓝天

记忆联想：我从小树上摘下一颗果子，驾驶着飞机航行在祖国的蓝天。

铃儿——一个奇异的景象出现在我的眼前

记忆联想：摇晃着铃儿时，一个奇异的景象出现在我的眼前。

第五章
4篇文章，让你掌握所有类型的语文知识

三角凳——像巨龙穿行在大地，连绵起伏，曲折蜿蜒

记忆联想：坐在三角凳上，打着游戏就像巨龙穿行在大地上，连绵起伏，曲折蜿蜒。

零食——东起山海关，西到嘉峪关，万里长城谱写了不朽的诗篇

记忆联想：拿着零食从东边的山海关，吃到了西边的嘉峪关，在万里长城上谱写了不朽的诗篇。

手套——是谁创造了这人间奇迹

记忆联想：戴上灭霸手套，开始思考是谁创造了这人间奇迹？

连弩——是我们中华民族的祖先

记忆联想：连弩是我们中华民族的祖先传承下来的瑰宝。

好，各位同学一定要记得，我们的大脑在记忆的时候，不管是否使用了记忆方法，都会存在遗忘的风险，因此大家在记到第6个时，应该停下来复习一下。本文因为分为上下两片，所以就在这里进行复习。

锄头——我驾驶着飞机航行在祖国的蓝天

记忆联想：我丢掉了锄头，就驾驶着飞机航行在祖国的蓝天上。

篱笆——一个奇异的景象出现在我的眼前

记忆联想：插上篱笆就有一个奇异的景象出现在我的眼前。

小猫——像绸带飘落在大地，银光闪闪，伸向天边

记忆联想：小猫戴上丝巾站上高楼就像绸带飘落在大地，银光闪闪，伸向天边。

棒球——北起首都北京，南到天堂杭州，京杭大运河谱写了动人的诗篇

记忆联想：为了买一根棒球棍，去了北边的北京，南边的杭州，在京杭大运河上谱写出动人的诗篇。

筷子——是谁创造了这人间奇迹

记忆联想：用筷子夹菜的时候开始了思考，是谁创造了这人间奇迹？

婴儿——是我们中华民族的祖先

记忆联想：婴儿说他是我们中华民族的祖先。

好，现在记忆完毕，为了保证你的记忆效果，你还是需要从头到尾整体地复习一遍。现在看看，是不是觉得很简单？没错，这就是神奇的数字编码法。

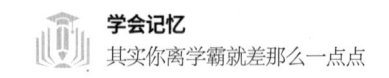

3. 文言文记忆

文言文默写是中高考的必考题型，但是难懂又篇幅长的文言文的往往令许多学生感到头痛，那么我们该如何去背诵文言文才能又快、又好呢，下面将为大家分享《道德经》中第二十三章的记忆，希望能对同学们的学习有所帮助。

我们先来看看原文的内容：

道德经（第二十三章）

希言自然。

飘风不终朝，骤雨不终日。

孰为此者？天地。

天地尚不能久，而况于人乎？

故从事于道者：

道者同于道，德者同于德，失者同于失。

同于道者，道亦乐得之；

同于德者，德亦乐得之；

同于失者，失亦乐得之。

信不足焉，有不信焉。

文章的解释：少发号施令，就可以任运自然。狂风刮不到一个早晨，暴雨下不了一整天。谁行使了这狂风暴雨？是天地。天地也不能长久地维持它的狂暴，何况于人呢？所以，注重于修道的人，以道为法式就可以趋同于道，以德为趋求就可以得到德，失道失德就会导致失道失德的恶果。同于道的人可以得到道的容纳，趋求于德的人可以得到德的蓄养，失道失德则终将以失败告终。如果没有充足的理由博得人们的确信，人们是不会真正相信的。

对于此篇文章的记忆，可以使用记忆宫殿法来展开。大家还记得记忆宫殿记忆信息的步骤吗？如果不清晰了，没关系，你再翻到前文看看即可。这里，我在图5-6中创造了一个记忆宫殿。

第五章
4篇文章，让你掌握所有类型的语文知识

1. 台阶
2. 玻璃门
3. 门头
4. 勺子牌
5. 艺术墙
6. 遮光蓬
7. 胶板
8. 椅子
9. 客人
10. 花架

图5-6　记忆宫殿餐厅图

联想记忆：

台阶——希言自然

记忆联想：坐在台阶上，就需要少发号施令，要遵从自然。

玻璃门——飘风不终朝，骤雨不终日

记忆联想：不管是飘风还是下雨都不能够击碎玻璃门。

门头——孰为此者？天地

记忆联想：谁敢在门头上写字，只能是天地。

勺子牌——天地尚不能久，而况于人乎

记忆联想：天地都不能拿下这块勺子牌，何况你还是一个人呢？

艺术墙——故从事于道者

记忆联想：所以从事于画艺术墙的人，都拿了一把刀。

根据"艾宾浩斯遗忘曲线"的遗忘规律，当我们记忆到第5个内容时，一定要返回到第一个开始复习，复习完毕后，接着往后面记忆。

遮光蓬——道者同于道，德者同于德，失者同于失

记忆联想：这里做一个遮光蓬，道德简直是非常高尚的。

胶板——同于道者，道亦乐得之；同于德者，德亦乐得之；同于失者，失亦乐得之

记忆联想：胶板能够把遮光板固定住，不仅道德高尚，还非常快乐。

椅子——信不足焉，有不信焉

117

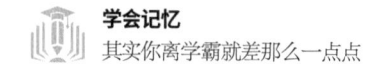

记忆联想：坐在椅子上说话很难让人相信。

所以你看，文章记忆虽然说是语文知识点记忆中最困难的存在，但是通过使用记忆方法，它将变得非常轻松。

各位同学，现在你们已经掌握了记忆长篇文章的核心秘诀，快尝试一下用刚才的方法去记忆课本中的文章吧！

本章总结

本章主要从生僻字、易错字记忆，文学修辞手法记忆，各种文学常识记忆，现代文及文言文记忆4个方面帮助大家解决学习语文知识过程中的记忆难题。

在记忆生僻字、易错字的过程中，我们主要从应该怎么来记住生僻字入手，衍生出了在学习中会遇到不认识的字，又应该如何来记忆，最后讲了易错字在考试中又会如何出现，如何记忆。

在文学修辞手法记忆中，主要从口诀记忆入手，给大家分享了几个常用的修辞手法口诀，最后引出练习。

第三个部分讲的是文学常识记忆，这一部分知识点是非常有趣的，记住它不仅能考试得高分，还能提高自身文化素养。

最后一个部分讲的是如何通过方法来记忆课本上生涩难懂的现代文及文言文。

第五章
4篇文章，让你掌握所有类型的语文知识

作者答疑：整体记忆不如分段记忆

小沈正在背诵一篇很长的文言文，但抓破脑袋也背不下来。他的爸爸看到他是将文章从头看到尾，再返回去继续从头看到尾，便开口说："小沈啊，你先不要急于记住整篇文章，可以一段一段地背。在背第一段时，你可以先看一看第一段有几句话，然后一句一句地背，相信你很快就能把第一段背下来。"

听了爸爸的话，小沈按照爸爸的讲解开始背诵第一段，果然没过一会儿就背了下来。接下来再背第二段也没用多少时间。随后，小沈就开始一段一段地背，心情也越来越好，背得也越来越快，很快地就将整篇文章背下来了。

作者答疑：

在学习的过程中，我们有时候会遇到大量的知识要记。在面对大量记忆材料时，很多同学总有一种"不知从何记起"的感觉，如果不分青红皂白，一头就扎进去了，最后的结果往往就是打击自己的自信心。

心理学家研究证明，人平均一次的记忆量在7个左右。当记忆的数量从7个提高到8个时，记忆的错误率就会大幅上升。因此在记忆的过程中，一定要明白一个道理：重要的不是记多少，而是怎样去记。如果要记忆大量的材料，可以分成几个部分去记忆，这样，记忆就会变得简单而轻松，这就是分段记忆法。

一般来说，分段记忆时可对材料进行任意的分割，只要便于记忆就行。不过，如果所分的段都有各自的特征，那自然更好。例如，身份证号码共有18位数字，其头两位为省份代号，第三四位为市代号，第五六位为县区代号，第七位至第十四位为出生年月日，最后四位为序号。这样分割之后，一般只需记住后四位就基本上把一个身份证号码记住了。

第六章

记忆法在考试答题中的运用：
一看就懂，一学就会

在前面的章节中我们已经大致地了解到学校老师常用的记忆方法，以及快速记忆的7大秘诀方法。在学习中，很多学生一听到"要考试"这3个字，就会显得惊慌失措，乱了阵脚，难道考试真的有那么难吗？其实并不是，如单选题，正确的答案只有一个，那出题者就会在4个选项中增加3个选项，看看答题者的记忆是否牢固。因此题目的本身，它还是在考核我们的记忆力。

常见的考试题目主要有选择题、填空题、解答题等，那么本篇章就针对文科中的各科考试题型来讲解记忆法。

第一节 考试中的记忆法：1对1配对法

要知道"工欲善其事，必先利其器""磨刀不误砍柴工"，掌握了快速记忆的方法，记忆任何东西都会事半功倍！而我们在学习中经常会遇到诸如下面的问题：《老实人》的作者是伏尔泰；《西游记》的作者是吴承恩；珠穆朗玛峰海拔约8848米；莫言是中国第一位获得诺贝尔文学奖的作家；等等。

历史、地理、政治、语文等文科学科中经常会碰到大量的选择题、填空题；生活中也经常遇到只有一个正确答案的问题。

面对这些内容繁杂、数量庞大，但又相对较简单的问题，我们就可用1对1配对法来记忆。在之前的文章中，我们就曾提到过联想的方法。

1. 什么是1对1配对法

1对1配对法就是在只有唯一对应关系的两个记忆对象之间进行联想，使双方形成紧密的对应关系，以达到提起一方就能马上想起另一方的记忆目的。

例如，提起中国的首都想起的必然是北京；问到中国最大的盆地，那就是塔里木盆地，提起东岳那就是泰山。

对于这些对应关系明确的内容，我们就可以在问题和答案之间直接进行联想，这样在以后见到问题时回想一下就可想起答案了。

再如，有一个初中的学生拿了一个历史考点来找我，抱怨道："我每次都会把这两个文化部落种植的食物给弄混淆，这次直接丢掉2分。"于是我看了看，原来是考最早种植粟的原始居民。选项有A. 河姆渡人；B. 半坡人；C. 山顶洞人。

你的答案是什么？这道题的答案是B. 半坡人。而其中最容易混淆的是A. 河姆渡人，他们最早种植水稻。

这两种粮食作物也是非常相似的，如何把这两种类似的东西区分开呢？这时我们可以利用1对1配对法的拆字展开联想：种植水稻必须得有水啊，所以就是河姆渡人（河里有水）；"栗"字可以想到"栗"字，栗下面是木字，树木长在半坡上，因此就是半坡人。

后面我又看到了一道填空题：秦国是什么时候统一六国的？答案是公元前221年。而对于这样的知识点，我们就需要先提取关键点：秦国——公元前221年；选好关键点后即可展开联想：公园前的大门处有一只饿鳄鱼（221）在咬琴（秦）。

当然了，除开这种类型的单选题、填空题，我们在学习的过程中还会遇到大量的语文、历史、地理、科学数据等知识点的记忆。

2. 用1对1配对法记忆地理考点

以下是我们在学习地理知识的过程中，可能会在单选题或者填空题中出现的考点，下面我们一起来解决掉它们。

横滨港是日本最大的海港，也是亚洲最大的港口之一。

记忆分析提取关键点：横滨——日本。

记忆联想：很冰（横滨）的日本，把我冻坏了。

鹿特丹是荷兰最大的海港，如果以集装箱运量计算，19世纪80年代曾是世界上第一大港口。

记忆分析提取关键点：鹿特丹——荷兰。

记忆联想：河南的鹿，特别孤单。

哥本哈根是丹麦王国的首都、最大城市及最大港口。

记忆分析提取关键点：哥本哈根——丹麦。

记忆联想：哥哥本来想去丹麦吃哈根达斯。

汉堡港是德国最大的港口，也是欧洲第二大集装箱港。

记忆分析提取关键点：汉堡——德国。

记忆联想：去德国吃汉堡。

3. 用1对1配对法记忆历史考点

以下是我们在学习历史知识的过程中，可能会在单选题或者填空题中遇到的考点，下面我们一起来解决掉它们。

我国境内最早的人类是元谋人，距今约170万年。

记忆分析提取关键点：元谋人——170。

记忆联想：在一起领（170）圆木（元谋人）的时候，发现了人类化石。

北魏孝文帝是我国古代杰出的少数民族的政治改革家，他的改革加速了北方各族封建化的进程。

记忆分析提取关键点：孝文帝——少数民族政治改革家。

记忆联想：被同学围住的小文（孝文帝），利用计谋以少胜多，脱离了困境，最后赢得胜利。

唐代统治边远民族的地方性制度称为"藩镇"。

记忆分析提取关键点：唐——藩镇。

记忆联想：想要吃带糖（唐）的番茄（藩镇），需要去镇上买。

4. 用1对1配对法记忆语文考点

以下是我们在学习语文知识的过程中，可能会在单选题或者填空题中遇到的考点，下面我们一起来解决掉它们。

《雷雨》的作者是曹禺。

记忆分析提取关键点：雷雨——曹禺。

记忆联想：在雷雨天里去抓草鱼（曹禺）。

我国的第一部散文集是《尚书》。

记忆分析提取关键点：散文集——尚书。

记忆联想：我写的第一篇散文已经上书（尚书）架了。

白居易是唐代诗人，号香山居士。

记忆分析提取关键点：白居易——香山居士。

记忆联想：白蚁爬上香山定居。

5. 用1对1配对法记忆数据知识

以下是我们在学习文史数据知识的过程中，可能会在单选题或者填空题中遇到的考点，下面我们一起来解决掉它们。

三国时期的赤壁之战发生在208年。

记忆联想：2块泥巴（08）砸坏了红色的墙壁（赤壁之战）。

黄河的长度是5464千米。

记忆联想：一个武士（54）跳进黄河里摸螺蛳（64）。

国际马拉松的长度是42.195千米。

记忆联想：龟兔赛跑最后兔子输掉了比赛，原因是兔子吃了一个柿儿（42），再喝了一酒壶（195）白酒睡着了。

你看，以后我们再遇到单选题、简单的填空题、一句话的内容等知识点，只需要去找到关键信息，就可以使用1对1配对联想法来进行记忆。

单选题与填空题的区别是什么呢？单选题与填空题实际上差不多，都属于短小内容的记忆。从学习的角度来看，他们只有一点不同，那就是填空题一点"提示"都没有，你能想起来就能填上，想不起来就填不出，它要求你准确掌握该题。

而单选题则不同，如果你对该题还有些印象，但不能准确说出答案，若碰巧它以单选题的形式出现了，那么你可能看着4个备选答案，就能选出正确的，这些备选答案实际上有提示的作用。

现在请你使用1对1配对法来记忆以下的知识，然后把你的作业与大家一起交流。

最早懂得人工取火的是山顶洞人。

巴基斯坦最大的城市是卡拉奇。

第二节　考试中的记忆法：1对多配对法

在上一节中，我们讲了1对1配对联想法的应用，它在使用时非常地快捷简单。但相对而言，它的应用范围不是很大，当遇到记忆层次多、内容复杂的材料时就不如其他记忆方法方便。在我们学习考试中，还会遇到比较复杂的填空题、多选题、解答题等，此时就需要其他方法来记忆这些材料。值得注意的是：1对1配对联想法是所有记忆方法的基础。

1. 什么是1对多配对法

接下来我们来学习一下1对多配对法，其实这种方法在第三章中也讲过，它也称

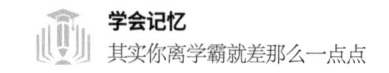

为串联记忆法。记得在小时候，我就特别喜欢吃冰糖葫芦，它用一根长长的竹签把山楂串起来，然后蘸上烧热的糖，再凉一下就可以吃了。

我们的串联记忆法就如同这根竹签一样，它把要记忆的若干项内容串起来，形成一个整体，从而可以提一个就回想出一大串。

前几年在一次记忆观摩会上，有一位记忆老师分享了一道中考题：首位中国籍诺贝尔文学奖获得者是_____，写出他的3部代表作品：_____、_____、_____。

答案：首位中国籍诺贝尔文学奖获得者是莫言；他的作品有《红高粱家族》《酒国》《爆炸》等（莫言的作品非常多）。

对于上述题型，学会用记忆法来记，简直就是送分题了。针对这种类型的题，我们直接就可以用1对多配对法展开联想为：莫言获得诺贝尔文学奖以后，他的家人去酒国买了很多红高粱，在酿酒时大家都小心翼翼，防止酒窖爆炸。

当然类似的题有很多，下面来看一下具体应用。

2. 用1对多配对法记忆文学作品

以下是我们在学习语文知识的过程中，可能会在填空题、解答题中遇到的考点，下面我们一起来解决掉它们。

钱钟书是我国的现代作家、文学研究家，他的代表作有《围城》《管锥编》《谈艺录》《写在人生边上》《人·兽·鬼》。

记忆分析提取关键点：记忆的内容主要是钱钟书、《围城》《管锥编》《谈艺录》《写在人生边上》《人·兽·鬼》，把要记忆的内容进行形象化。

记忆联想：钱钟书在革命时期曾被人、兽、鬼（《人·兽·鬼》）围困住（《围城》），他就利用空闲时间写下了人生回忆录（《写在人生边上》《谈艺录》），10年后，由一位叫管锥的人给他编排发布（《管锥编》）。

茅盾的代表作品有《子夜》《春蚕》《白杨礼赞》《林家铺子》。

记忆分析提取关键点：记忆的内容主要是茅盾、《子夜》《春蚕》《白杨礼赞》《林家铺子》，把要记忆的内容进行形象化。

记忆联想：茅盾在子夜时分去了林家铺子买了10只春蚕，回家后就用白杨树叶（《白杨礼赞》）去喂它。

老舍的代表作品有《骆驼祥子》《四世同堂》《二马》《龙须沟》《茶馆》。

记忆分析提取关键点：记忆的内容主要是老舍、《骆驼祥子》《四世同堂》《二马》《龙须沟》《茶馆》，把要记忆的内容进行形象化。

记忆联想：老舍与骆驼祥子是四世同堂，他们骑着两匹马（《二马》）去了龙须沟的茶馆喝茶。

3. 用1对多配对法记忆地理知识

以下是我们在学习地理知识的过程中，可能会在填空题、解答题中遇见的考点，下面我们一起来解决掉它们。

我国的少数民族主要居住在西北、西南、东北等地。

记忆联想：洗白衣（西北），洗烂了（西南），放在雪上冻白块（东北）。

西印度群岛的经济作物有甘蔗、咖啡、可可、烟草、香蕉。

记忆联想：追赶太阳下山的印度人，口渴后把甘蔗上的咖啡豆掰扯下来冲泡，颜色与可口可乐（可可）一样，喝完之后再用烟草叶包裹着青绿色的香蕉，等待它熟透。

世界火山地震带主要集中在太平洋沿岸地带、地中海—喜马拉雅山脉地带。

记忆联想：火山喷发，把太阳（太平洋沿海地带）都给熏下了海（地中海），后面长出来喜马拉雅山脉。

4. 用1对多配对法记忆生物知识

以下是我们在学习生物知识的过程中，可能会在填空题、解答题中遇见的考点，下面我们一起来解决掉它们。

原生动物是最原始、最简单、最低等的生物，有草履虫、变形虫、疟原虫。

记忆联想：原始人把草鞋（草履虫）穿变形（草履虫）了，他的老婆想要还原它（疟原虫）。

腔肠动物有海葵、海蜇、珊瑚、水螅。

记忆联想：带着长枪（腔肠）去两海里（海葵、海蜇）的珊瑚树上抓水螅（此处运用了上一章节中的抽象词转化形象词的方法）。

5.用1对多配对法记忆历史知识

在上一节中,我们用1对1配对法区分了半坡人与河姆渡人的粮食作物。在这里我们继续看一下半坡人的社会生活情况:

① 普遍使用磨制器、弓箭,使用磨制器的时代叫新石器时代。

② 原始农业已有发展,种植粮食作物粟。我国是最早培植粟的国家。已学会饲养猪、狗、鸡、牛、羊。

③ 已使用陶器。

④ 已学会建造房屋,过着定居的生活,已形成村落。

这样类型的知识点一般会出现在解答题里,这样的整段句子,记忆法是不能够一字不拉地记住的,在万能记忆六步法中提及,考试时只要你能答出关键点,叙述性内容没有原则上的错误,那你的得分就趋近于满分。

所以可以对本段内容进行关键词句筛选:磨制石器、新石器时代、弓箭;种植粟,饲养猪、狗、鸡、牛、羊;陶器;建造房屋、定居、村落。

记忆联想:生活在半山坡的原始人,利用石头块磨制弓箭来射杀猪、狗、鸡、牛、羊,拿来炒板栗;吃不完的食物就装进陶器里,慢慢地,食物越来越多,人口也增加了不少,他们开始建造房屋,子孙后代都定居下来,从而形成了村落。

所以你看,这样通过一个故事就把这一道简答题的要点全串起来了,由于进行了联想,所以对半坡人的社会情况印象很深,再考你类似于"什么时候人们开始使用弓箭?半坡人是种植粟还是水稻?人们从什么时候开始过定居生活?"等问题时,你就不会感到模棱两可,通过回忆联想马上就会选出正确答案。

这就是1对多配对联想法,把多项内容串连起来,达到考题不丢分。

请你完成以下的练习,然后与大家一起交流。

南方经济发展发展原因:

南方战乱较少,提供了较为稳定的环境;北方人口南迁带来了大量的劳动力、先进的生产工具和生产技术;南北劳动人民的共同开发;江南地区自然条件的优越。

第三节　考试中的记忆法：多对多配对法

在前两节中分别讲了1对1配对法、1对多配对法。在这里我还是要与各位同学特别强调一下，1对1配对法是所有记忆方法的基础，可以解决单选、简单填空题；1对多配对法是1对1配对法的升级，可解决复杂填空题、多选题、解答题等，那么本节就为各位同学解决考试中的解答题。

1. 多对多配对法与1对1、1对多配对法的关系

前面我们已经讲过，1对1配对法是所有记忆方法的基础，下面我们就一起来看一下，1对多与多对多配对法的关系：在使用1对多配对联想法时，如果串联的内容过多，就有可能会产生记忆链断裂，为了降低记忆风险，还可使用多对多配对联想法。

如图6-1展示了3种配对法的关系。

记忆内容：ABCDEFGH

1对1配对法	1对多配对法	多对多配对法
A—B C—D E—F G—H	A—B—C—D—E—F—G—H	天—AB 地—CD 玄—EF 黄—GH

图6-1　1对1、1对多、多对多配对法关系图

通过图解可以看到，我们要记忆的信息是ABCDEFGH，1对1配对法是两两搭配，1对多配对法把要记忆的信息通过一条记忆链条串起来，而多对多配对联想法则是借助强有力的外援，来缩短直接串联的长度和难度。下面，主要为各位同学介绍字母配对联想法、熟语配对联想法、标题配对联想法3种多对多配对法。

2. 字母配对联想法

字母配对联想法是借26个字母与解答题中的答案条数进行配对联想，但是在配对联想之前就需要先对26个字母进行图像转化（参看第四章第六节内容）。

记忆案例：王安石变法的主要内容有哪些？保甲法；青苗法；农田水利法；募

役法；方田均税法。

此时，我们要记忆的答案中有5个关键点，面对这5个点，我们可以找到5个字母a，b，c，d，e来做联想定桩。

a——帽子——保甲法：用帽子保护指甲。

b——爸爸——青苗法：五一劳动节爸爸带着我去乡村插青苗。

c——月亮——农田水利法：月亮倒映在农田水里，闪闪发光。

d——弟弟——募役法：弟弟服从国家安排，参加兵役。

e——鹅——方田均税法：只要是方正的田地，均被鹅睡过。

你看，通过字母配对联想法就可快速地记住王安石变法的主要内容，当然在答题的时候，还需要先想到a是帽子，b是爸爸，c是月亮，d是弟弟，e是鹅之后，才能想到后面的联想故事，最后还原出记忆内容。

3. 熟语配对联想法

熟悉配对联想法是指通过借力成语、熟语、古诗词等内容与解答题中的答案条数进行配对联想。使用此种方法值得注意的是：在选择熟语的过程中一定是要与答题内容的数目一样且自己非常熟悉的内容才可以，不然会适得其反，增加记忆负担；同时也不能用"我来了""我等等你""他跑了"等这一类别的句子。

记忆案例：我国森林资源的特点是什么？宜林地广；森林覆盖率低；森林分布不均；木材蓄积量少；森林资源破坏严重。

答案中一共有5个知识点，因此，只需要从你的大脑中找到有5个字的熟语就可以了。在此，我们可以选用古诗句"千山鸟飞绝"进行联想记忆：

千——宜林地广：我家有上千亩的地，非常适合种树。

山——森林覆盖率低：一下雨，就发生泥石流，原因是森林覆盖率低。

鸟——森林分布不均：南方的鸟多于北方的鸟，主要原因是我国森林分布不均。

飞——木材蓄积量少：昨天伐的木材都不翼而飞了。

绝——森林资源破坏严重：再不遏制光头强破坏森林资源，树木都快绝种了。

你记住了吗？我相信你一定是看完就记住了。为什么呢？首先我们选择的诗句是你非常熟悉的，其次选择的诗句与所要记忆的题目也很搭配，最后在联想时借助了关己、夸张等手法。所以你也可以为自己多准备一些熟语库，便于在记忆信息资料时，可以快速使用。

4. 标题配对联想法

标题配对联想法指的是答题中有几点内容，就在提问的标题中找出相对应的几个字进行内容转化。

记忆案例：王阳明心学的主要内容是？

① 心即理：心便是宇宙，心无外物，理便是宇宙中的规律。

② 知行合一：只有把"知"与"行"合起来才算得上"善"。

③ 致良知：做到格物致知，知行合一，在实际行动中实现良知。

此时，我们看到答题中一共有3点内容，就可以提取题目中的核心3个字与之匹配，进行联想记忆。

王——老虎——心即理：心便是宇宙，心无外物，理便是宇宙中的规律。

联想：老虎的心理很强大，视宇宙为外物，因为它明白了宇宙运行的规律。

阳——太阳——知行合一：只有把"知"与"行"合起来才算得上"善"。

联想：太阳好比"知"，地球好比"行"，只有这两个星球正常运行，才算得上"善"。

明——小明——致良知：做到格物致知，知行合一，在实际行动中实现良知。

联想：小明上学期在语文老师那里听说了"拾金不昧"这个词，今天在路边捡到了5块钱，他就交给了警察。

所以你看，今后再遇到类似的解答题，就可以使用这3大配对法去解决记忆难题。值得注意的是，标题配对联想法的回忆度是高于另外两大配对联想法的。

请你用上述的方法完成以下的练习，然后与大家一起交流。

记忆洋务运动的主要4个影响：

① 开始了中国军事现代化的进程；

② 促使了资本主义和现代经济的发展；

③ 使其他人看到了洋务运动的缺陷，进而加速了中国现代化进程；

④ 为中国社会迈向现代化准备了最初始的文化条件。

本章总结

本章主要是针对各位同学在文科学习考试中的题型而设立，主要从1对1、1对多、多对多3大方法角度入手。

1对1配对法主要是用于解决学习考试中单选、简单填空题；1对多配对法与故事串联法相似，都是把要记忆的内容给串起来，主要解决考试中比较复杂的填空题、多选题、解答题等；多对多配对法是通过外力来帮我们记忆解答题，主要有字母、熟语、标题配对联想法。

这三者之间的关系是：1对1配对法是所有联想方法的基础；而在使用1对多配对法时，如果串联的内容过多，就有可能会产生记忆链断裂，为了降低记忆风险，还可使用多对多配对法。

作者答疑：总是马虎大意怎么办

初中三年级的小曾对我讲，他对于数学科目是又爱又恨，每张考卷上面总会有那么2道题是自己在算对了的情况下写错了答案，或者是知道应该用什么公式来计算它，但就是忘了公式的步骤而失分。

作者答疑：

先来分享出现后面一种情况的原因，这主要是记忆的问题，那么就可以利用理解记忆的方法来解决掉它。比如，在记忆速度公式 $S=VT$ 时，如果我们理解了公式中每个字母代表的意义,那么记起来也就会变得容易多了。先弄清楚 S、V、T 的意义,以及它们之间的关系,即 S 代表距离,V 代表速度,T 代表时间,距离等于速度乘以时间,从而记 $S=VT$ 这个公式。

可如果是马虎造成了答案填写出错,那就应该养成良好的改错的习惯,给自己准备一个改错本;再有就是,看看自己的生活习惯是否较好。很多学生马虎是因为生活习惯不好,迁移到学习,也拖拉、急躁,具体表现为书包、桌面乱七八糟。

作者答疑:考试焦虑怎么办

高中二年级的小郭同学是一个非常爱学习的孩子,老师讲课,他会认真地做笔记,下课后有不懂的题,他也会去找老师询问。每次作业也都能及时地交给老师,还可以帮助老师指导成绩较差的同学完成作业。可就是这样的一个学生,他在每一次考试中都表现得异常紧张,考试成绩都不如自测成绩。原因究竟在哪里呢?

作者答疑:

参加考试紧张,可以称为考试焦虑。考试焦虑是一种复杂的情绪现象。心理研究表明,人们在日常生活中,经常会遇到各种各样的困难与障碍,为实现自己的目标,就必须克服困难。而困难的出现和克服,会引起人内心的不安和紧张,严重时就会给人带来恐惧和焦虑。但我们也应该学会辩证地看待考试焦虑的影响。如果一个学生对无论多么重要的考试都抱无所谓的态度,他的考试成绩就不会很理想。

也就是说,考试焦虑的产生不仅是必然的,而且是必要的,重要的是学生要学会自我调适。每位学生对考试的意义都要有客观正确的认识,适度降低求胜动机,减轻心理负担,真正做到轻装上阵。

当怯场现象发生时，只要掌握必要的技巧，也可以顺利度过这一危机。这里分享4种缓解考试焦虑的方法，供大家借鉴使用：

第一，进入考场以后，迅速让自己安静下来，暂停阅卷、答卷，静静伏在桌子上稍做休息，转移注意力。

第二，可以用"调整呼吸法"，即当情绪极度紧张时，停止答题，全身放松，做多次深而均匀的呼吸。呼吸时大脑最好排除其他杂念，双眼注视一个固定的目标或微闭，反复而有节奏地呼吸，这样也会很快地消除怯场。

第三，用默默数数的办法来暂时转移注意力，从"1"一直数下去，或用冥想法闭上双眼全身放松，想象一个大气球有一小孔漏气，气球由大慢慢变小等。

第四，在《考试脑科学》一书中，作者还提出如果把考试前的不安心情写出来，紧张的情绪就能得到缓解。而通过这种方法，参加实验的学生的成绩在原来的基础上提升了10%。

作者答疑：遇到不喜欢的老师，还要不要学

刚上初中的小代跟我说："李老师，我们班主任是英语老师，他教给我们记忆英语的方法很像图像记忆法，把几个元音组成了一张脸，让我们记忆。比如（元音记忆图，如图6-2所示），他把5个元音组成了一张脸，然后讲了一个故事'左边一只迎风流泪的眼，中间长了一个长鼻子，右边一只大圆眼，头上顶着一口缸，嘴里说着我真棒'。"

历史老师还给他们讲用图像记忆的方法来记忆词语，并且可以做到上完历史课，就能把课上的知识点全部记住，非常轻松。所以，小代就特别地喜欢这两个科目。但现在他有一个烦恼，就是数学老师讲课不幽默，自己也就不大喜欢数学，导致学习成绩较差。

图6-2　元音记忆图

作者答疑：

看到有学校的老师开始使用图像记忆指导学生记忆知识点，我是非常开心的。有一项数据调查统计，中小学生要背诵的知识点高达1.7万条。如果要让学生用死记硬背的方式去记忆，非常容易打击学习者的自信心。如小代这样，因为老师讲课不够幽默，就不喜欢某个科目的现象在初中或高中的时候是非常常见的，因为这个年龄阶段的学生心智还不是特别的成熟，他们对于学习的态度还不是特别的端正。家长和班主任需要告诉他们，学习是为了学习知识，不应该因为任课老师而去排斥哪一科的学习；也可以了解一下他为什么不喜欢这个任课老师，如果任课老师确实有做错的地方，那可以与任课老师交流。然后告诉他，人无完人，每个老师也都有自己的缺点。

2个月后，她告诉我，她的数学成绩提升了四百多名，整体成绩的年级排名也提升了80名。她是怎么做到的呢？她分享说："我成绩之所以会提升，是因为有一个循序渐进的过程。首先，若是遇到不懂的题，自己先看例题，再把公式往上套；其次，自己没弄明白的就可以去问班上成绩较好的同学；再次，同学详细讲解以后，若还是不懂，就可以把不懂的题抄在一个积累本上，拿去咨询老师；最后，在考试前，把那个积累本拿出来复习就可以了。此外，在考试前一晚就不要再复习了，以免给自己增加负担。"

学会记忆
其实你离学霸就差那么一点点

作者答疑：日积月累和临阵磨枪哪个更好

上初中二年级的同学给我分享了他们班级里一个非常有意思的现象"每当期末考试快要来临时，很多同学变得比以前学习更加认真了，他们思考着考试前能够一下子记住大量知识。"

作者答疑：

这样的现象并不少见，我把它归结为"日积月累和临阵磨枪哪个会更好"这个命题。

要回答这个问题，需要根据学习目的具体分析。比如，有的人刚上大一，就开始为两年后的考试做准备，"日积月累"以及"反复学习"是很重要的，有助于形成难以忘记的长期记忆。但是，在准备第二天的期末考试或某类资格考试的时候，"临阵磨枪"相当有效。此时就靠短期记忆一决胜负。我认为比起"放弃突击早早睡觉"的人，"临阵磨枪"的人的成绩会有所提高。当然，也很有可能会马上忘掉。

当然最理想的学习方法是，每天孜孜不倦地努力，养成反复记忆的好习惯，在考试之前集中学习，这样张弛有度的学习方法才是最佳选择。

第七章

让你过目不忘的单词记忆法

前面我们学习了文字、数字等知识点的记忆方法，相信各位同学也有了非常大的收获。那么在我们的学习中，还有什么是比较困难的呢？我想，很多人内心的答案已经出来了。对，没错，就是英语单词。网上有一个段子说："以前我们让孩子学好英语是为了了解国外文化，现在我们让孩子学好英语是为了了解中国文化。"那么本章就为大家解决单词记忆。

学会记忆
其实你离学霸就差那么一点点

第一节　轻松搞定记单词

说到学英语，很多同学都觉得难。而在学习英语的过程中，最痛苦的莫过于记忆成千上万的英语单词，每当拿到课本看到有那么多单词需要记忆，就感觉特别头疼。处于英语启蒙阶段的中小学生，在厌恶中开始了自己的英语学习，又在失落、挫败、压抑的情绪下，不得不学习，直至大学考完四、六级后丢弃英语，这将是多么可悲的一件事！

1. 中小学生记单词的现状

我们来看看，现如今的中小学生是怎么记英语单词的。我调查过很多的学生，他们记单词最主要有两种方式：一种是准备很多白纸，花大量时间反复写同一个英语单词；另一种是反复地读。我们不能否认，写和读对于背单词都是有一定作用的。但对于大部分学生来说，这种靠写与读得来的记忆，到最后都变成了"机械记忆"。

背少量单词用机械记忆很容易的，对于大量的单词，机械记忆所产生的乏味感会分散你的注意力，高遗忘率也会让你不断产生挫折感。总之，它会彻底瓦解你学好英语的信心。

那我再请问一下，你一天中最多背过多少个单词？20个，30个，还是50个？这是你的最高纪录吗？如果是，那我想告诉你，我有超过150个学生，他们都可以做到用2天的时间记住一学期的英语单词。而他们以前通过写和读，每天最多记忆1个单元的单词。

你想知道他们是如何完成这样的蜕变吗？你想获得跟他们一样的背单词效率吗？如果是，那一定要认真看接下来的内容。

2.记单词跟记汉字一样简单

各位同学回想一下，我们是怎样学习汉字的？小学一年级，老师会告诉我们，汉字的学习主要可以分为两大板块，一种是简单的独体字，如人、羊、犬、牛等。在学习这类字的时候，我们需要一笔一划地来写。另一种是比较复杂的由偏旁部首、结构等组成的字，如休、课、模、踢等。在学习复杂的汉字时，老师会把这些字拆分成模块来帮助大家学习并记忆。如，"明月几时有"的"明"由"日"和"月"组成，"碧玉妆成一树高"的"碧"由"王""白""石"组成等。

你看，当我们在学习并记忆复杂的汉字时，并不会按照一笔一画的顺序来记忆，而是把汉字拆分成模块，因为记忆模块会更简单、更省事。

那就请各位同学换一种思考，是不是在背单词时，也可以按照拆分模块的这个思路来记忆单词？

例如，记忆单词protein蛋白质

普通记忆：p，r，o，t，e，i，n蛋白质，反复地背诵或抄写这7个字母+单词意思。

模块化记忆：pr（仆人）、o（鸡蛋）、te（特）、in（里），联想为：仆人偷吃了一个鸡蛋，还特别强调说里面有很多蛋白质。

这样把单词模块化，是不是简单了许多？在第三章节中，我们讲解了数字快速记忆的技巧——把数字两两组合起来，形成一个具体的图像，那么在记忆单词时，同样也可以对字母进行编码，从而高效记单词（单词编码在第四章第六节）。

3.单词记忆的5大方法

"以熟记新"是记忆术的核心秘诀，也是单词记忆的核心秘诀。但有的单词用另外的记忆方式也能记住，例如，ambulance救护车，这个单词就可以通过谐音记忆，联想转化为：俺不能死，快叫救护车。我把记单词的方法主要整合为5大种类。

（1）拼音法

拼音法的定义是从陌生单词中找出熟悉的拼音，然后转化为具体的事物，达到以熟记新的目的。案例：

change 改变；模块拆分：chang 嫦、e 娥；联想：嫦娥登月改变了世人的认知。

dance 跳舞，舞蹈；模块拆分：dan 蛋、ce 厕；联想：鸡蛋在厕所里面跳舞。

（2）谐音法

谐音法其实跟拼音法有一些类似，拼音法是根据中文拼音的发音来记忆，谐音法却是根据英文单词的音标来记忆的。案例：

move 移动，搬动；谐音转化："木屋"；联想：这间木屋是可以移动的。

comment 评论，意见；谐音转化："看门的"；联想：看门的王大爷是校长的表亲，他的意见可以听一听。

（3）熟词法

事实上，大部分单词里面或多或少地包含我们所熟悉的单词，或者是一些字母组合，我们可以通过这些熟悉的词来掌握新单词。案例：

forget 忘记，忽略；模块拆分：for 为了、get 得到；联想：为了得到这100万，他忘记了我们之间的约定。

capacity 容量，能力；模块拆分：cap 帽子、a 一、city 城市；联想：这顶帽子的容量非常惊人，可以容纳一座城市。

（4）编码法

当我们从陌生单词中找出熟悉的单词或者拼音之后，可能还会剩下一个或者几个字母，它们既不是熟悉的单词，又无法转化为熟悉的拼音，这个时候，就可以把剩下的这些字母转化为编码图像。案例：

locate 定居；模块拆分：lo 数字10、cat 猫、e 鹅；联想：10猫与一只鹅是好朋友，定居在此。

attention 注意；模块拆分：at 在、ten 十、tion 神；联想：请大家注意一下，在10点的时候，神会降临于此。

（5）词根词缀法

有些单词会由三部分组成：词根、前缀和后缀。词根决定单词的意思，前缀改变单词的词义，后缀决定单词的词性。通过找词根、词缀，可以快速记忆单词。这种方法的一个比较大的缺陷是要背的词根、词缀数量庞大，至少有500个，会加大初学者记忆的难度。案例：

purity 纯洁；模块拆分：pur 干净的、ity 名词后缀。

disappear 消失；模块拆分：dis 前缀，代表相反的意思、appear 出现。

4. 拆分记单词时的注意事项

看到这里，相信你也已经懂得怎么运用方法去记忆那些枯燥乏味的单词了，但我还是想给你几点更好地去记单词的注意事项：

- 平常在练习拆分记忆单词时，可以把拆分的模块与联想写在单词书上，或者拿一个记录本记录，便于后期复习。
- 拆分模块时，先找最长且熟悉的部分，一个单词的模块一定不超过5个，拆解越多、回忆线索越长，越容易出错。
- 编故事要简洁并出图像，编写故事的编码顺序是不能乱的，但单词意思可以放到所编故事的开头、中间或者结尾。
- 刚开始接触这样的记忆方法，可以10个为一个单位复习，这样将有效地帮助你们加深记忆，熟练方法。

5. 掌握海量词汇量的秘诀

记英语单词跟记汉字其实一样简单，我们还学习了5大方法。那么，如此一来我们就真的可以由原来记不住单词到掌握海量的词汇了吗？其实并不是，没有那么简单，你还需要具备一种心态，坚信自己能在短期内记住大量的单词。

我们可能都听老师说过："一天背1个单词，3年背1000多个。"这句话有问题吗？我觉得有，你想一想，有谁能够坚持3年每天记忆1个单词呢？更多的是，今天记10个，明天忘5个，后天再忘2个，就一直这样循环着。

而在前面，我给大家讲过，我已经有超过150位学员可以做到2天时间记忆一学期的单词，其中一个原因在于他们把自己的时间集中起来背单词。这样他们在记忆的时候，就不会再受到外界的任何事物的干扰。

在背诵过程中，还有一件事非常的有意思，我会给每个学员发一个秒表，当学员记忆完10个单词以后，我会写下每个学生所耗费的时间，当他们看到自己的时间慢于旁边的人时，便会在下一次的记忆过程中显得更加认真，速度也就更快了一些。

所以，如果你也要背诵大量的单词，可以抽出1天或2天的时间，做一个背单词的任务，也为自己准备一个秒表，记录自己每记忆10个单词的时间，或者限制自己1小时记忆50个单词等。总之，你下一次成绩一定要好于上一次的成绩。

学会记忆
其实你离学霸就差那么一点点

请你完成以下的练习：

schoolbag n. 书包　拆分：_____+_____

联想：_____

classroom n. 教室　拆分：_____+_____

联想：_____

season n. 季节　拆分：_____+_____

联想：_____

hijack v. 抢劫　拆分：_____+_____

联想：_____

bedtime n. 就寝时间　拆分：_____+_____

联想：_____

fireworks n. 烟花　拆分：_____+_____

联想：_____

hippo n. 河马　拆分：_____+_____+_____

联想：_____

第二节　1小时搞定60个单词

在正式开始之前，我想给各位同学讲一个故事，这个故事想必大家也都听过：

猴子掰苞谷

有一天，一只小猴子下山来，它走到一块玉米地里，看见玉米结得又大又多，非常高兴，就掰了一个，扛着往前走。

小猴子扛着玉米，走到一棵桃树下。它看见满树的桃子又大又红，非常高兴，就扔了玉米去摘桃子。

小猴子捧着几个桃子，走到一片瓜地里。它看见满地的西瓜又大又圆，非常高兴，就扔了桃子去摘西瓜。

小猴子抱着一个大西瓜往回走。走着走着，看见一只小兔蹦蹦跳跳的，真可爱。

第七章 让你过目不忘的单词记忆法

它非常高兴，就扔了西瓜去追小兔。

小兔跑进树林子，不见了。小猴子只好空着手回家去。

这个故事告诉我们，在做任何一件事情时，都要专心致志，不能捡了芝麻丢了西瓜，否则到最后，就如小猴子一般，什么都得不到。

下面我们就要正式进入实战演练了，下面请你跟我一起练习1小时，记忆中考词汇中的这60个单词。当然，你一定要清楚：记完并不代表记住，所以我在最后放了一张表，帮助你检验此次记忆的情况。现在请你屏蔽掉一切干扰，找一个舒适的环境，拿出秒表跟我一起来记忆这60个词汇：

单词	意思	模块拆分	联想
children	n. 儿童	chi吃+ld冷冻+ren人	爱吃冷冻饮品的人是儿童。
pretty	adj. 漂亮的	pre仆人+tty踢	漂亮的仆人不会踢人。
lady	n. 女士，女子	la拉+dy大爷	女士拉住了大爷，让他小心走路。
guess	vt. 猜测	gu古+e鹅+ss55	猜测古代的鹅有55种，现在变少了。
orange	n. 橙色，橙；adj. 橙色的	o蛋+rang让+e鹅	吃了鸡蛋让鹅变成了橙色。
build	vt. 建造，建立	bu部+i骨头+ld楼顶	部长要求用骨头建造楼顶。
hundred	n. 百；adj. 百个	hund混蛋+red红色	一百个混蛋都穿着红色的衣服。
already	adv. 已经	al阿狸+ready准备	阿狸已经准备好了，快来接受挑战吧。
present	n. 目前	pre仆人+sent送	目前仆人已经被送走了。
spring	n. 春天；adj. 春天的	sp山坡+r草+ing鹰	春天山坡上全是草和鹰。
wooden	adj. 木制的	w皇冠+oo望远镜+den凳	木制的皇冠和望远镜放在凳子上了。
blouse	n. 女衬衫	bl61+ou偶+se色	61个偶人穿着彩色的女衬衫。

143

学会记忆
其实你离学霸就差那么一点点

续表

单词	意思	模块拆分	联想
reporter	n. 记者	re热+port港口+er儿	记者在大热天去港口采访了儿子。
playground	n. 操场	play玩+ground地面	在操场上玩地面打滚。
machine	n. 机器	ma妈+chi吃+ne呢	妈妈用这台机器在做吃的呢。
minute	n. 分钟，分	mi米+nu努+te天鹅	在一分钟内用大米努力喂天鹅。
welcome	n./v. 欢迎	we我们+l棍子+come来	我们拿着棍子来欢迎你。
lesson	n. 课，教训	le乐+ss两条蛇+on在……上	快乐的两条蛇坐在椅子上听课。
holiday	n. 假日，节日，休息日	holi厚礼+day天	收厚礼的那天就是假日
never	adv. 从不	ne哪（吒）+ve维生素E+r草	哪吒从不吃维生素E也不吃草。
clever	adj. 聪明的	cle可乐+ve维生素E+r草	聪明的人喝着可乐吃着维生素E在草地上玩。
celebration	n. 庆祝，祝贺	celebrat(e)庆祝+i蜡烛+on上	庆祝时要把蜡烛点上。
park	n. 公园，停车场	pa爬+rk入口	爬过入口到公园。
housework	n. 家务	house房子+work工作	房子里所有的家务就是我的工作。
season	n. 季节，时期	sea大海+son儿子	大海的儿子在这个季节出生。
pancake	n. 薄饼，烙饼	pan盘+cake蛋糕	盘里有蛋糕和薄饼。
enjoy	vt. 享受，欣赏	en鹰+joy快乐	鹰在享受快乐。
stamp	n. 邮票，印章	sta是他+mp名片	邮票是他的名片。
country	n. 国家，乡下，乡村，故乡	coun康+try尝试	康复后尝试回到自己的国家。

第七章 让你过目不忘的单词记忆法

续表

单词	意思	模块拆分	联想
chocolate	n. 巧克力	cho餐后+co可乐+late晚的	餐后他喝巧克力味的可乐到很晚。
wait	vt./vi. 等待，等候；n. 等待	wai外+t伞	外星人打着伞等待。
start	n. 开始，起点；vi. 开始，启动，出发	star明星+t伞	明星拿着伞出发了。
snowy	adj. 下雪的，有雪的	snow雪+y树杈	下雪的时候雪会堆在树杈上。
quickly	adv. 迅速地，飞快地	qu去+ic IC卡+kly壳里	迅速地跑去把IC卡插进壳里。
fairly	adv. 公平地，相当地	fair公平的+ly老爷	公平的老爷公平地分家产。
donate	vt. 捐赠	do都+nate那特	书本都是那个特务捐赠的。
pillow	n. 枕头	pill药片+owwo我	药片被我放在枕头下面了。
means	n. 方法，手段	me我+an一+s美女	我有一个追美女的方法。
lunch	n. 午餐	lun论+ch吃	讨论午餐吃什么。
release	vt. 释放，发射，发表；n. 释放，发布	rel热量+ease减轻	释放热量后痛苦就减轻了。
petrol	n.（英）汽油	pet宠物+rol（l）滚	宠物滚到了汽油里。
suffering	n. 痛苦，苦难	suffer遭受+ing鹰	遭受老鹰袭击的人很痛苦。
quake	n. 地震	qu区+a苹果+ke磕	地震区的苹果都磕破了。
enrich	vt. 充实，使丰富，使富有	en鹰+rich有钱的	过着充实生活的老鹰很有钱。
latest	adj. 最近的，最新的	la蜡+test测验	蜡笔小新在最近的测验中拿了第一。

学会记忆
其实你离学霸就差那么一点点

续表

单词	意思	模块拆分	联想
recognize	vt. 识别，认出，承认	re热+co可乐+gn钙奶+ize艾滋	机器识别出热可乐和钙奶含有艾滋病毒。
shortcoming	n. 缺点	short短的+coming来	他的缺点是腿短，走过来时太慢了。
selfish	adj. 自私的	sel（l）卖+fish鱼	卖鱼的商人很自私。
national	adj. 国家的	na那+tion神+al阿狸	那个国家的神是阿狸。
husband	n. 丈夫	hus护士+band绊倒	护士绊倒了她的丈夫。
lantern	n. 灯笼，提灯	lan烂+tern疼	灯笼烂了好心疼。
warmth	n. 温暖，暖和	warm热情的+th土豪	热情的土豪让人感觉很温暖。
normally	adv. 通常地，正常地，平常地	normal正常的+ly老爷	精神正常时老爷通常很友善。
agreement	n. 同意，一致	agree同意+ment门徒	门徒都一致同意签订协议。
sweet	n. 糖果，甜味；adj. 甜的	sw室外+ee两只鹅+t伞	室外的两只鹅吃了伞里的糖果。

下面来检验一下你的记忆情况：

☐	children	☐	science	☐	stamp	☐	quake
☐	pretty	☐	machine	☐	country	☐	enrich
☐	lady	☐	minute	☐	chocolate	☐	latest
☐	guess	☐	welcome	☐	wait	☐	recognize
☐	orange	☐	lesson	☐	start	☐	shortcoming
☐	build	☐	holiday	☐	snowy	☐	selfish
☐	hundred	☐	never	☐	quickly	☐	national
☐	already	☐	clever	☐	fairly	☐	husband
☐	present	☐	celebration	☐	donate	☐	fairy
☐	spring	☐	park	☐	pillow	☐	lantern

第七章
让你过目不忘的单词记忆法

☐	wooden	☐	housework	☐	means	☐	warmth
☐	blouse	☐	think	☐	lunch	☐	normally
☐	library	☐	season	☐	release	☐	agreement
☐	reporter	☐	pancake	☐	petrol	☐	sweet
☐	playground	☐	enjoy	☐	suffering		

注意：

① 能确认单词意思的在☐中画√。

② 模糊不清的单词做一个问号标记，检查完以后进行复习。

一个单词1分，36分是及格，看看你通过一个小时的学习能得多少分呢？通过实战记忆训练以后，我还要给你一个小任务：利用这样的方法看看自己1小时能记住英语课本上多少个单词。

本章总结

本章主要为各位同学讲解了单词记忆法，从"如何轻松记单词"角度出发，分析了现阶段中小学生记单词的困难，并给出了解决办法。我把单词记忆归结为谐音法、拼音法、熟词法、编码法、词根词缀法5大方法。在拆分记忆时，也需要注意一些细则，不然徒增回忆烦恼。你要是想要快速掌握大量的词汇，我建议你把时间集中起来进行背诵，而不是分散开来记忆。第二节中，我带着你用1小时记忆了60个单词，如果你时常用这样的方法去记忆，我相信未来，你1小时记忆的英语单词数量会远超过60个。

作者答疑：学过的单词记忆方法使用不上

刚上初中一年级的小王同学是英语学习困难户，特别是让她记忆英语单词时，这简直就像要了她的命。一听说单词有速记的方法，她立马就找到了我，通过2节课的学习后，她立马改变了原有对单词背诵的态度。可是当回到家里，自己尝试使用这几种技巧的时候，她发现很多单词不好联想，往往要花很长时间来记，还不如死记硬背记得快，这是怎么回事呢？

作者答疑：

这5大方法是简单好用的，但是，了解方法跟熟练掌握方法，这中间是有距离的。如果没有经过系统的练习，对方法和技巧掌握得不够，用起来当然就不够熟练，效果自然就难以充分地发挥出来。这就好比是去健身房健身，虽然动作看起来非常简单，但是初学者跟熟练者之间，差距是非常大的。

想要用好单词记忆法，关键在于多练习。练习多了，运用的熟练度和灵巧度自然就会大幅提升（一般要练习300个以上）。刚开始记得不如死记硬背快，并不代表记忆方法的效果不行。

记忆方法最大的作用，并不是记得多快，而是记得更牢。

一个单词，我们花了不少时间，才想出了一个很好的联想方法，但是一旦想出来，这个单词就再也难以忘记了。相反地，死记硬背虽然很快记住了，但是很快又会忘记，反反复复，这才是令人烦恼和头痛的地方。

但你也要清楚，并不是每个单词都要用这几种方法来记的。从原则上说，每个单词都可以通过拆分联想来记忆。但是，我们不是为了用方法而用方法，应该以记住为核心目的。如果死记硬背能轻松记住的话，也不一定非要用记忆方法。有许多简单而又常见的单词，读几遍就能记住。这些单词，不用记忆方法也完全没问题。

第八章

被称为"瑞士军刀"的思维导图

在前面的章节中,我们学习了如何快速记忆古诗词、文章、单词等内容,但各种知识在大脑中还是处于零散的状态。人脑就像图书馆,每天都会收进许多书,然后出借许多书。在大脑这座图书馆里,只有对知识做分类整理,对知识存储位置越熟悉,提取的时候反应才会越迅速。而这个整理知识的工具就是思维导图。

第一节　思维导图的前世今生

英国自然科学家达尔文是思维导图原型的创造者之一。在"生命之树"的草图（图8-1）中，他画出了自己最初想到的关于物种在进化史上所有可能的关联，并且对其进行了实验记录，为后来者提供了非常宝贵的借鉴及新的思考观点。而草图中所体现的关联性思维在思维导图的绘制中是至关重要的，具体来说，就是在不同分支之间用箭头或者连线来建立联系。

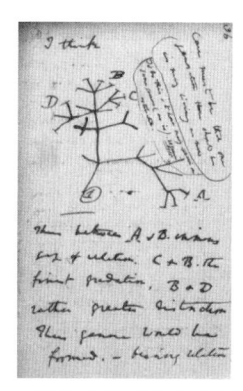

图8-1　达尔文的"生命之树"草图

思维导图的广泛传播则归功于世界思维导图锦标赛的创始人——托尼·博赞教授，我们一起来看看托尼·博赞与思维导图的故事。

毕业后为生活所迫的托尼·博赞找到了一份兼职工作，尽管这份工作也不是十分体面，但收入却比"铲粪"好多了。这份工作就是后来让托尼·博赞声名鹊起的"家教"。教小孩子肯定不是托尼·博赞的梦想，但事后证明，这却是他通往世界级大脑专家的第一步。

在做家教的过程中，托尼·博赞充分运用了他在大学中曾经学习到的笔记方法。简单地说，他通过教孩子们写笔记来提高他们的成绩。对托尼·博赞来说，这些学生不仅是他的顾客，也是他的"试验田"。他尝试着用不同的方法对这些孩子进行教学，很快他发现了颜色在学习中的巨大作用；然后，分类思想和关键词的作用也逐渐凸显出来。

当孩子们在无意的涂鸦中获得巨大的快乐和惊人的记忆效率时，托尼·博赞完成了思维导图的最后一个关键部分。这些新想法被整合在一起，形成一种全新的学习工具，托尼·博赞把它命名为"思维导图"。于是，思维导图作为一个学习工具，就这样诞生了。

从那以后，托尼·博赞一直在应用它、宣讲它。他教人们用它来改善记忆，加深对知识的理解，让人们发现没有什么是学不会的；用它来做规划，一个宏伟的蓝图和多头绪的事业都可以了然于胸。他还特别帮助那些智力有问题，学习有障碍的孩子们。他们画出的思维导图，像常人的一样多姿和完整，只要稍加引导，他们能像天才孩子一样思考深刻的问题，记住复杂的关系，他们完全能够像正常人一样地思考、学习、表达。

有一次，托尼·博赞走到一个班级里问学生："你们觉得自己笨不笨？"因为几乎所有人都认为他们是笨学生，他们自己也就相信自己很笨了。他们一直被反复灌输一个观点，那就是他们很无能。于是托尼·博赞说："好吧，我们来测试一下。"于是就给他们做了一次记忆力测试，当然他们的成绩很差。

然后，托尼·博赞又教给他们一些实用的记忆方法。再次测试，那些孩子全部都能答对。托尼·博赞就告诉他们："没有笨的大脑，只有未经过训练的大脑。"

托尼·博赞在前人的研究基础上，不断总结和完善。可以说思维导图是图文结合的现代升级版。托尼·博赞也被他的粉丝亲切地叫作"大脑先生"。因为思维导图对学习、思考和记忆的有效性，现在全世界有超过3亿人在使用它。

第二节　思维导图绘制前的心法

万丈高楼平地起，要想学习好思维导图，首先必须得掌握思维导图的心法。在这里分享绘制思维导图时最重要的两种思维模式。

1. 发散性思维

发散性思维指的是由一点引发无数的联想，调动想象力，激发创造力，从不同途径、不同角度去探索多种可能性，探求答案。

在我们的身边，随处可见这种发散性思考的例子。请各位同学思考一下，看到"水果"这个词，你想到了什么？香蕉，苹果，桃子，西瓜，还是菠萝呢？抑或是小区楼下的水果铺？其实大家怎么联想都可以。我在这里放了一张以"水果"为中心做发散性思考的图片，围绕"水果"周围发散出了很多主干分支（图8-2），现在给你2分钟的时间，在每一条主干上写上自己想到的词，当然你还可以添加更多的分支，写得越多越好。

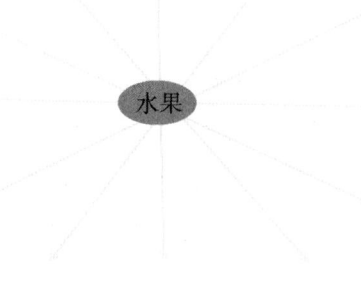

图8-2　水果发散思维图1

2分钟的时间过去了，你写了多少个？10个，15个，20个，还是25个？你确定在这2分钟的时间里，把能想到的内容都写了下来吗？你写的都是水果种类的词吗？当你心里有自己的答案以后，下面就来看看我想到的内容吧，如图8-3所示。

图8-3　水果发散思维图2

第八章
被称为"瑞士军刀"的思维导图

我通过水果想到了香蕉、苹果、产地、颜色、消消乐、形状、维生素等,你发现没有,我想到的内容维度更广阔了一些,而这种思考会给我们的学习带来巨大的影响。比如,数学、物理卷的最后一个题往往考验的就是学生"一题多解"的能力。

根据想到的每一个内容我还可以继续联想下去,比如,由苹果想到了平安、红色、牛顿;由牛顿想到了他在物理学科上做出的巨大贡献,特别是牛顿定律,以及他留有一头金色的卷发等(如图8-4所示)。

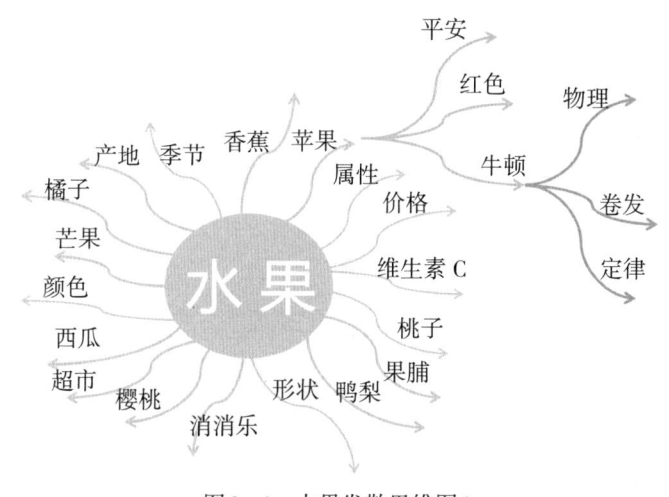

图8-4 水果发散思维图3

除了像刚刚那样通过主干进行发散外,我们还可以用九宫格法来进行发散想象,而后者常被用于写作、演讲等。

我拿"汽车"一词进行举例分享(图8-5)。

驾照	限号	人数
燃油	汽车	钢铁
比亚迪	高铁	飞机

图8-5 汽车九宫格发散思考图

课堂小练习：你看到"跑步"与"玻璃"这两个词时，可以联想到什么内容呢？请分别在图8-6和图8-7的九宫格中写出。

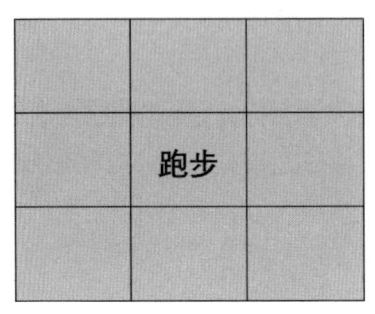

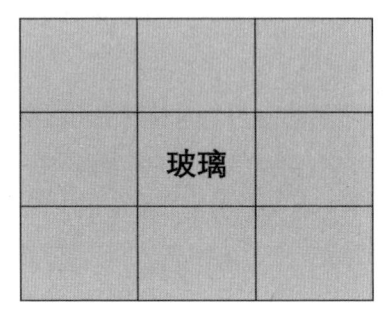

图8-6　跑步九宫格发散思考图　　图8-7　玻璃九宫格发散思考图

2. 收敛性思维

收敛性思维指的是对大量信息进行观察、对比，归纳相同点与不同点，化繁为简，从而发现事物间的联系，方便组织和记忆。

举个例子：《最强大脑》节目上有一个挑战项目，要求选手先记忆庞杂的信息，再利用刚才记忆的内容进行组合答题。比如，要记忆C2#5￥L、A3M6★9P+7W%。

想要记忆这类信息，我们可以先利用收敛性思维将其整理成：

- 字母类：CLAMPW
- 数字类：253697
- 符号类：#￥、★+%

我们在学习的过程中也会遇到关于收敛性思维的内容。比如，有一次我带学生去北京研学，有家长问我，"这次出行需要带哪些东西？"我让一位老师帮我整理了一份出行必备物品的清单。

结果一看，不得不说这位老师准备的内容是非常详细的，但却很杂乱。我想，根据这样的文字清单，肯定很少家长能全部看完并准备齐全，于是我就用了10分钟左右的时间，根据文字内容整理了一幅思维导图（图8-8）。

第八章
被称为"瑞士军刀"的思维导图

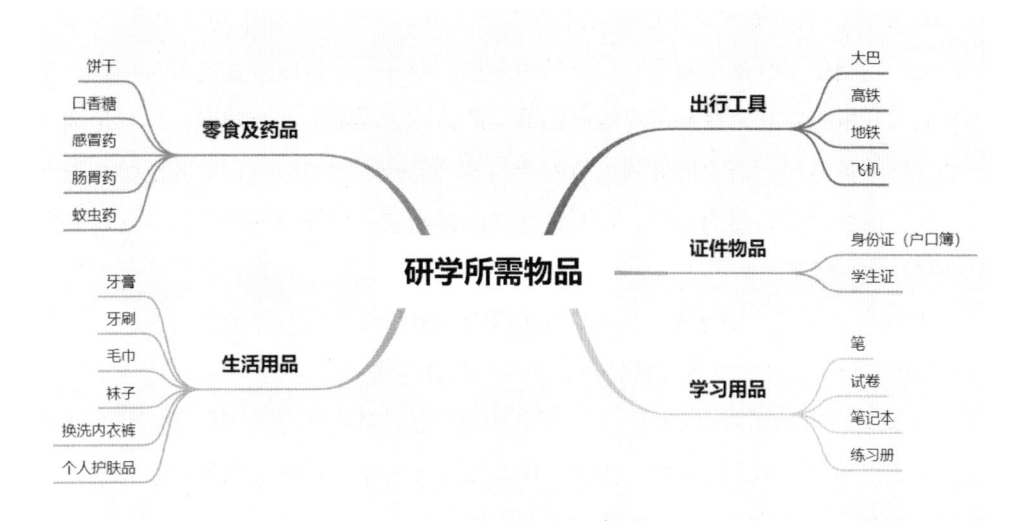

```
            饼干                                      大巴
            口香糖                                    高铁
            感冒药 ── 零食及药品          出行工具 ── 地铁
            肠胃药                                    飞机
            蚊虫药
                        ╲                ╱
                          研学所需物品
                        ╱                ╲
                                        证件物品 ── 身份证(户口簿)
            牙膏                                    学生证
            牙刷
            毛巾 ── 生活用品                        笔
            袜子                            学习用品 ── 试卷
            换洗内衣裤                                笔记本
            个人护肤品                                练习册
```

图 8-8 研学所需物品

原文:各位同学大家好,本次为了让大家体验感更好,请各位家长帮孩子准备好:身份证或户口簿、学生证、笔记本、笔、练习册、试卷、牙刷、换洗内衣裤、袜子、牙膏、毛巾、个人护肤品,也可以给它们备上饼干、口香糖、感冒药、肠胃药、蚊虫药等。

对比原文与我整理的思维导图,显然根据后者,家长更能一目了然需要给孩子准备哪些物品。在思维导图上,我还增加了出行工具,让家长与孩子了解我们此次的行程方案,出行更放心。

通过刚才的几个案例,相信同学们已经大概明白如何进行发散性思维和收敛性思维了,接下来就要请同学们自己动手,根据要求绘制一幅思维导图。请你思考一下,入学第一天自己要准备哪些东西,并把它们分门别类地放置好,看看是否准备齐全,方便查找,然后把绘制的思维导图分享在"豪杰之李"公众号中,与大家一起交流学习。

3.思维导图的5要素

(1)中心图像

思维导图的主题需要放在整张纸的中心,并且以图形的形式表现出来,我们称之为中心图形。它的具体绘制规则如下:

① 位置：纸张横放，中心图位于纸张正中央，大小约占纸张的1/12或者1/9。为什么一定要位于纸张中间呢？第一是因为思维导图是一种发散性的思考模式，将主题放置在纸张中间，有利于思维向四周发散，不会局限在一个角度；第二是因为思维在向外扩散时，需要记忆的信息就会占据一部分固定的空间，就像记忆宫殿一样。我们需要固定储存的方向，顺时针或逆时针地编排思维导图的内容，这样我们就能更好地回忆了。

② 颜色：托尼·博赞先生认为，中心图是反映一张思维导图的核心内容，三种以上的色彩组合，才能突出主题特点，使人一眼就注意到。

③ 构思：这是最为重要的一点，需要明确的是，我们不是为了画图而画图，而是为了更好地理解和记忆内容。因此，中心图一定要贴合思维导图的中心思想，让我们一看就能有深刻的感受，并能很好地记住。

（2）分支

在第二章中，我们知道人的短时记忆容量在7±2个，所以在绘制分支时，同级并列分支一般不要超过7条。导图分支又分为主干分支（一级分支）和次级分支（二级、三级、四级分支……），如图8-9所示，由主干和支干组成的线条网络，承载着我们的思维路径和知识框架，使思维和知识变得结构化。它的主要原则有以下两条：

① 轮廓：一般来说，主干采用自然弯曲的曲线，由粗到细，词长与线条的长度相当。

② 色彩：一个主题，一种颜色。

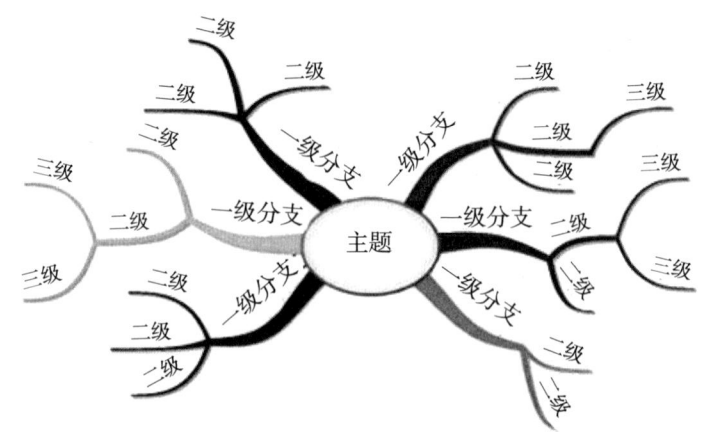

图8-9 思维导图分支图

第八章 被称为"瑞士军刀"的思维导图

（3）关键词

关于关键词的定义有很多，大家只要记住它是能够激发联想，帮助我们进行回忆的词语就行。配合思维导图，复习时就可以通过20%的关键词，掌握核心知识点，从而节省80%的时间。提取和书写关键词的原则主要有两个。

① 位置：关键词在分支上方，就好像是做填空题的时候，老师总是要求我们把文字写在横线上，字长约等于线长，最好不超过4个字。

② 颜色：一种是全黑色，也就是说，整张思维导图中的所有文字都是黑色的。另一种是同线条色，也就是要与线条的颜色相同。

关键词提取小练习：

他的耳朵白里透红，耳轮分明，外圈和里圈很匀称，像是一件雕刻出来的艺术品。

我允许你走进我的世界，但不允许你在我的世界走来走去。

春天来了，大地上的每一个角落都充满了春天的气息。

人的本能是追逐从他身边飞走的东西，却逃避追逐他的东西。

就是每天早上起来发现还有青春痘。

答案：耳朵、世界、春天、本能、青春。

（4）关键图像

关键图的作用主要有两个：一是吸引视线，让人能一下子就能关注到重点（关键词）；二是加深理解和记忆，通过关键图进一步理解重点，并巩固记忆。值得注意的是，绘制关键图并非为了漂亮，或者因为某个关键词比较容易转换成图像，就随心所欲地绘制，更不是图像越多越好，而应该是在我们难以理解和记忆的地方补充图像。下面我们就一起来了解一下在思维导图中绘制关键图需要注意哪些原则：

① 位置：绘制关键图时，关键图要在线的上面或者旁边，紧邻文字内容，不宜太远，否则无法让人关联到文字内容，扰乱视线，也就失去了其存在意义。

② 大小：关键图不宜太大，应小于中心图像，且越往下级分支，关键图越小。

（5）颜色

大脑是有自己的喜恶的，它天然地喜欢色彩，对颜色十分敏感。色彩可以很好地吸引人的注意力，促进信息的传达。有研究表明，利用色彩传达视觉讯息，可以提升80%的阅读意愿；可以提升70%的理解力、60%的回忆能力；可以缩短82%的信息搜寻时间；可以提升个人的记忆力。

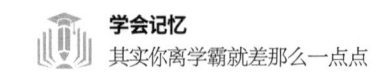

不同的颜色可以代表不同的含义。比如，红色代表活力、兴奋、阳光，这种强有力的色彩非常容易引起注意，可以传递出一种积极、温暖的状态；绿色代表健康、平静、清爽，带给人一种鲜活的生命力。

第三节　如何绘制一幅完整的思维导图

在上一节中，我们已经认识到思维导图的2种主要思维模式与思维导图的5要素，也知道了学习思维导图对学习所带来的影响和帮助，那我们到底应该怎样正确地使用它呢？其实啊，这非常简单，现在我就以一篇初中文言文《爱莲说》为例，来给各位同学讲解绘制思维导图的5大步骤。

爱莲说

周敦颐

水陆草木之花，可爱者甚蕃。晋陶渊明独爱菊。自李唐来，世人甚爱牡丹。予独爱莲之出淤泥而不染，濯清涟而不妖，中通外直，不蔓不枝，香远益清，亭亭净植，可远观而不可亵玩焉。

予谓菊，花之隐逸者也；牡丹，花之富贵者也；莲，花之君子者也。噫！菊之爱，陶后鲜有闻。莲之爱，同予者何人？牡丹之爱，宜乎众矣！

译文：水上、陆地上各种草本木本的花，值得喜爱的非常多。晋代的陶渊明唯独喜爱菊花。从李氏唐朝以来，世人大多喜爱牡丹。我唯独喜爱莲花从积存的淤泥中长出却不被污染，经过清水的洗涤却不显得妖艳。它的茎中间贯通外形挺直，不生蔓，也不长枝。香气传播更加清香，笔直洁净地竖立在水中。人们可以远远地观赏莲，而不可轻易地玩弄它啊。我认为菊花，是花中的隐士；牡丹，是花中的富贵者；莲花，是花中的君子。唉！对于菊花的喜爱，在陶渊明以后很少听到了。对于莲花的喜爱，和我一样的还有谁？对于牡丹的喜爱，人数当然就很多了！

1. 准备工具

在画一张思维导图之前，首先要准备绘制工具，主要是A4白纸和水彩笔、签字笔。然后我们就需要去分析文章内容是什么结构，这个结构里面又可以分为几个层次？通过译文我们大概清楚了这篇文章可明显分为两部分：第一部分对莲花高洁的形象极尽铺排描绘之能事；第二部分则揭示了莲花的比喻义，分评三花，并以莲自况，抒发了作者内心深沉的慨叹。因此我们便从这两个角度着手绘制。

2. 绘制中心图

从白纸的中心开始绘制，周围留出空白，在这里我画的是一幅莲花图（如图8-10所示）。注：思维导图的中心图一定要非常能够代表文章主题。

图8-10 《爱莲说》思维导图1（凌青/绘）

3. 绘制分支、写出关键词

按从高到低的顺序绘制分支，即当一纷分支都画好了以后，再针对每一个一级分支，延展出后续的内容要点。注意绘制过程中的线条需要自然流畅弯曲，如图8-11所示。

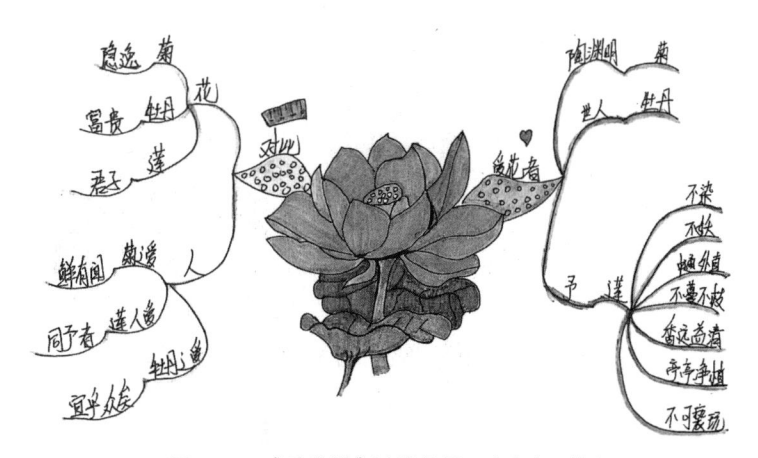

图8-11 《爱莲说》思维导图2（凌青/绘）

4. 增添关键图

当思维导图的大体内容绘制好了以后，就可以根据适当的内容增添图像，突出重点，使记忆深刻，如图8-12所示。

图8-12 《爱莲说》思维导图3（凌青/绘）

5. 修正着色

对照原文的内容，最后再适当对思维导图添加上一些色彩或线条，便于我们后期复习巩固。需要注意的是，不同分支要用不同颜色，以使色彩对比鲜明，如图8-13所示。

图8-13 《爱莲说》思维导图4（凌青/绘）

第四节　思维导图在学习中的应用

思维导图的发明人托尼·博赞曾说："如果把学习比作一场战斗，思维导图就相当于是指挥官的作战地图，而记忆术就是士兵手中的先进武器，两者合而为一，战无不胜。"那么思维导图在学习中到底可以怎样运用呢？下面我将讲解几个我在给学生上课时经常使用的案例：

1. 用思维导图分析作者生平日志

李清照（1084~1155年），宋代女词人，号易安居士，济南章丘人。父亲李格非官至礼部员外郎，是当时有名气的作家，母亲王氏系出名门，祖父王准受封为汉国公。

18岁时，李清照与赵明诚结婚，生活安定优裕，后移居青州。1127年，金兵攻陷青州，李清照与丈夫南渡，书画古器等多被抢遗失。南渡后，词人生活困顿，1129年丈夫卒于建康，不断流离失所。绍兴二年（1132年），李清照辗转杭州，再嫁张汝舟，却并不幸福，数月后离异。

李清照是中国古代罕见的才女，擅长书画，精通诗词，留下很多作品。词主要有《武陵春》《一剪梅·红藕香残玉簟秋》《如梦令·常记溪亭日暮》《清平乐·年年雪里》等，诗的代表作有《乌江》《夏日绝句》，还有一些文辞，如《金石录序》《打马图序》。

同学们可以先通读两遍以上内容，大概了解一下李清照的生平事迹。我们看到，这位多才多艺的女词人的生活是比较不幸的。

下一步就需要对内容进行分析，理清脉络结构。这些内容大致可以分为三个板块：第一段个人简介；第二段生平经历；第三段文学作品。当我们把这三个版块梳理好了以后，就确立了这幅导图的一级分支（图8-14）。

图8-14 李清照生平思维导图中心图及一级分支（杨红睿/绘）

接下来我们继续分析，个人简介中又可以分为年代、姓名、称号、家庭；生平经历中有结婚、南渡、流离、再婚；文学作品可以分为词、诗、文辞。据此，我们绘制了完整的思维导图，如图8-15所示。

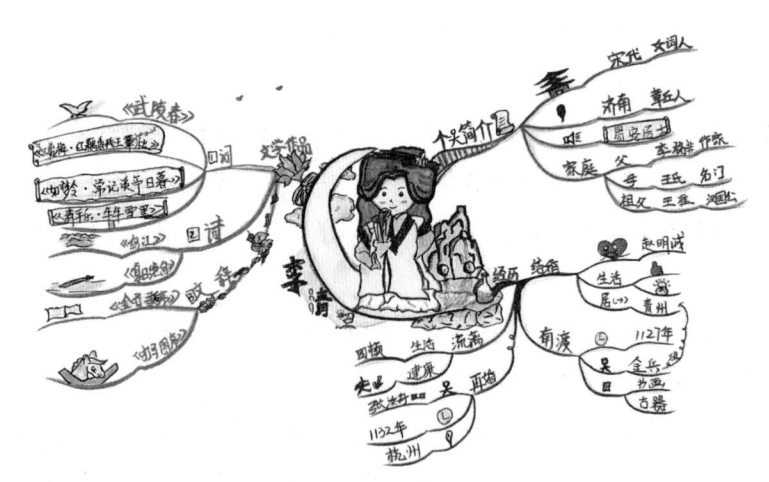

图8-15 李清照生平思维导图（杨红睿/绘）

2.用思维导图记忆历史信息

英国在与清朝的贸易交流中，一直处于劣势，为扭转贸易逆差，开始向中国运输鸦片，以牟取暴利。后林则徐上书请求禁止鸦片，并于1839年6月3日，在虎门海滩当众销毁大量鸦片。

第八章
被称为"瑞士军刀"的思维导图

1840年6月，英国军舰驶进广东海面，封锁珠江口，进行挑衅，鸦片战争开始。中国民众不畏强暴，进行了许多英勇的斗争，如广州三元里人民抗英活动，虎门炮台关天培抗英等。但由于清政府主观上不抵抗，客观上武器落后等因素，清政府战败求和，1842年签订中英《南京条约》。这是近代我国与外国签订的第一个不平等条约。从此中国社会步入半殖民地半封建社会。

下面我们继续用思维导图来分析这一段知识点。不熟悉的同学一定要多读几遍，以便理解上述材料的内容。通读理解以后，就需要对其内容进行具体分析，厘清内容的脉络结构，画出思维导图（图8-16）。

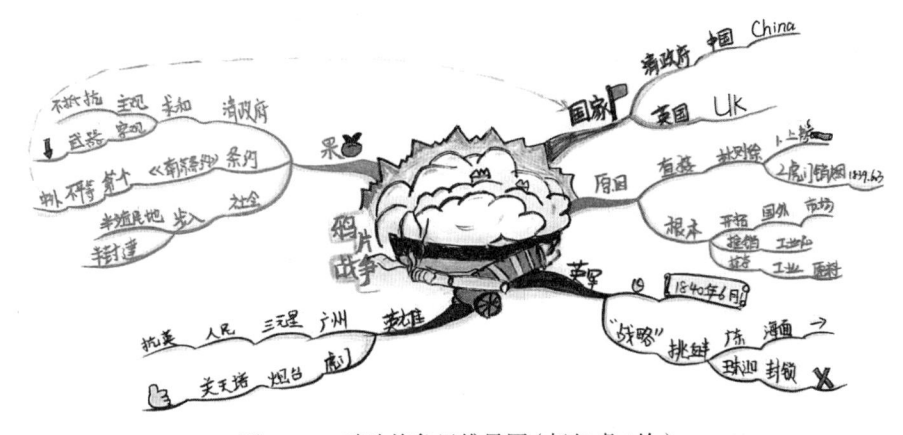

图8-16 鸦片战争思维导图（杨红睿/绘）

3. 用思维导图归纳小学数学公式

数学一直是被世人认为是一门需要高智商的学科，因此，我在询问同学："你觉得自己数学学得怎么样？"往往回答我的都是："不咋样，公式太多了；容易粗心大意，算对了答案，写错了数字……"

其实同学们的问题是多种多样的，那今天，我们就在这里解决一个问题："建立数学框架思维，巧记数学公式。"

记得在2019年，太原有一个小学五年级的学生对我说："李老师，我们的数学公式有好多啊，我根本就记不住，还容易把其中的几个公式给记混。"当时我就在想，这才是小学，要是上了初中、高中，那还得了？小学的数学公式有那么多吗？

于是我就想验证一下，他说的到底是不是真的。我找来所有的小学数学课本，

163

请了一位老师帮我用思维导图整理出了小学所有的数学公式。当我看到思维导图的那一刻，我就觉得，小学的数学公式并不多。那位同学觉得多的原因是没有厘清公式的含义与公式之间的关系。

在上第二次课时，我拿着这一幅思维导图找到了那位学生，对他说："你看，你上次跟我讲小学数学公式有很多，那我就把你们小学数学书全部找来，经过总结归纳后，一共才运算定律、量的计算、平面计算、立体图形4个版块的公式嘛，现在我把这份秘籍送给你，你把这张纸的每一个公式理清楚后，就在公式的后面打一个√，还没有学的就放在一旁不管。"

他将信将疑地接过了这张思维导图，拿回了家。每隔几天我就会询问他有没有按照我给他讲的步骤去分析数学公式，他说有的。1个半月后，他跟我讲："李老师，以前只能考70多分的数学，这次的成绩上了90。"我想："我们的努力都没有白做……"

所以你看，这个同学用思维导图后，他的数学成绩出现了大幅增长，其实你也可以的。同理，如果你是一个初中生或者高中生，也可以把3年内要学习的数学公式、定理用思维导图的形式画出来。这样还有一个好处，那就是让自己知道此刻的学习进度，有哪些公式已经学过了，哪些公式在什么时候会学到。

4. 如何用思维导图来写作文

有同学会问，既然思维导图这么厉害，那它可以解决写作文的难题吗？其实啊，思维导图它本身就是以发散性和收敛性思考为基础的，当然可以用思维导图来解决写作难题。

我有一个学生以前写总结、写作文无比痛苦，后来我让他每次训练完记忆资料后，就写一篇小总结。起初时，给他10分钟就只能写十几个字，坚持了3个月后，他可以写出三四行了。再后来，我听他妈妈说："有一次在学校犯了错误，老师让他写一篇检讨报告。他超额完成交给了老师，老师读完后，当着全班的面表扬了他。"

当我问他是什么原因时，他告诉我说："本来老师让写300字的，我写了500字，后面有接近200字是讲述道理。"

那他是怎样做到如此大的蜕变呢？其实就是运用了思维导图这一学习策略与思

考工具。思维导图可以帮助大家把写作前心中的所想、所感十分清楚、明了、有序地记在图中。

画图写作的步骤：

第一步，审清写作要求，拟定主题。将所有围绕主题的想法，逐一写下来或画出来。跟着感觉走，不必理会联想的内容的对或错，应该或不应该，只要把写作导图的草图画出即可。

第二步，对已画出的内容进行筛选或补充，并将所选材料组织起来，确定哪些内容需要详写、哪些需要略写，以及写作顺序。

第三步，思考片刻，看看还有没有可以补充的知识点，再对写作思维导图进行修改完善。

第四步，按图写出作文，并修改。

下面，我们来看一道2021年四川成都的中考作文题，请你运用思维导图法思考一下应该怎么写。

三年前的你，刚刚掀开初中的帷幕，带着稚嫩，怀着憧憬……两月后的你，挥别熟稔无比的师友，将要开启新的人生航程……

如果时空可以穿梭，面对"三年前的你"或"两月后的你"，此刻"坐在考场的你"会说些什么呢？请在两个"自己"中任选一个作为写信的对象，结合三年来的初中生活，给自己写一封信。请先将题目"写给___（三年前/两月后）的自己"补充完整，然后作文。

参考：当回忆起三年前的自己，再面对如今的自己，必然有细节、有故事、有对比。可在对比中突显成长的收获，在回忆中书写三年的时光，感恩三年来自己的努力与坚持，感恩三年中遇到的人与事。当思维导图稿绘制好了以后，即可开动，最后注意书信格式。

本章总结

本章主要给各位同学分享了提升学习力的高效工具——思维导图，主要从思维导图的前世今生、思维导图绘制前的心法、如何绘制一幅完整的思维导图、思维导图在学习中的应用4个维度展开分享。

在"思维导图的前世今生"中主要讲解了思维导图的发明历程。

思维导图绘制前的主要心法有3点，主要是发散性思维、收敛性思维及绘制思维导图的5要素（中心图、分支、关键词、关键图像、颜色），当你理解并掌握了这5点，基本上你就可以很好地去运用思维导图了。

通过课文《爱莲说》的讲解，带你绘制一幅完整的思维导，分为准备工具、绘制中心图、绘制分支及写出关键词、增添关键图、修正着色5个步骤。

最后一小节分享了思维导图学习应用的案例，用它来分析生平、记忆历史信息、归纳小学数学公式、写作文等。当然，思维导图的功效还远不止于此，请你思考一下，它还可以运用在哪些地方？

第八章
被称为"瑞士军刀"的思维导图

作者答疑：孩子学习总是很被动应该怎么办

小李妈妈问我："小李在学习时很被动，总是要让我或老师管着学，而不是自己主动去学习，总认为自己学习是为了老师或家长，并且专注力也比较差，比如他在自己的房间里面做作业，我跟他爸爸在客厅里小声讨论一些关于工作上的事情，他都能接上我们的话。完成一天的作业，通常需要两三小时。"

我们隔壁家有个跟他一样大的学生，每天下午放学后的第一件事，就是把老师布置的家庭作业完成，我的孩子要是像他一样就好了。

作者答疑：

学生通常还处于心理发育期，正在逐渐建立起自己的认知及世界观，所以家长一定要对他们有足够的耐心。

建议家长多给孩子讲讲学习是为了自己的将来，并不是为了他人，使孩子由被动学习变为主动学习。让孩子规定好自己的作息时间，什么时间做什么事情，这样学习才能事半功倍。如果孩子达到你们之间约定好的标准，就可以给予适当的奖励。我有一个学生特别喜欢玩王者荣耀，他跟妈妈约定背下一首诗就玩6分钟的游戏，现在那孩子每天能背10首诗。

许多学生感到自己已经努力了，但就是成绩不理想，主要原因是学习方法不对。在小学期间必须要掌握到正确的学习方法，因为小学阶段学习任务比较轻，到了中学、大学以后，要想再改正就很难了。

可以利用这几种记忆方法来学习知识：

① 理解记忆法：只要把要知道的东西理解了，就没有什么东西记不住。有的同学把"守株待兔"写成"守猪逮兔"，只要明白它的意思后就不会犯这样的错误了。

② 谐音记忆法：根据声音的发音来记忆，比如，李渊618年建立唐朝，可记作："李渊见糖（建唐）搂一把（618）"，这也是一种很好的记忆法。

学会记忆
其实你离学霸就差那么一点点

③ 形象记忆法：根据字的形状来记忆。在幼儿园时，老师通常会把1说成铅笔、2说成鸭子、3说成耳朵来让孩子记忆，这种方法就是形象记忆法。

④ 速读记忆法：意思就是说在看书时不要一个字、一个字地读，而是要做到一目几行，只阅读文中的关键字，这样就会在脑子里记住重要的东西。

最后，一定不要把自己的孩子与他人比较，这样会让孩子形成一种弱于他人的心理。

第九章

掌握这3点，
你的成绩会更好

大家想过高考有多重要吗？你的高考成绩决定了你上什么大学。大学有多重要？这个不言而喻。当你工作后，别人问你毕业于哪所高校，你是自信地说出学校的名字，还是支支吾吾呢？

本章与各位同学分享一些我自己学习期间的亲身经历与教学过程中的一些感悟。想要获得好成绩，还可以从哪些角度去思考与行动呢？

学会记忆
其实你离学霸就差那么一点点

第一节 终局思维：请站在未来，看现在的自己

环境到底有多重要？我拿大学生活举例，大多数人都是普通人，都会受到环境的影响。在名校，你身边的人都在准备托福、雅思、刷GPA、考证、考研等。当你知道身边的精英在做什么，你也不会闲着。

你的眼界与格局与非名校的学生是不一样的，不至于每天都迷茫着，待在宿舍里玩游戏，荒度几年时光。你有没有想过自己3年后、5年后，甚至10年后会成为一个什么样的人呢？你有没有想要改变自己现在的生活、学习环境？如果有，那么请立即行动起来吧。

1. 读书可以让你有更多的选择

小学三年级以前，我的成绩还不错，至少在村里是这样的上了小学4年级，村里的学校相继倒闭，我也就成了"留守儿童"，成绩一日不如一日，以至于初升高都是通过复读才考上的。

初一《道德与思想政治》课上，老师问："你介意与异性交流吗？"当时我就蒙了，跟异姓朋友聊天还介意吗？后来我上初二才知道，"哦，原来说的是女生。我可是那种女生多看我几眼就会脸红的类型，哪里不介意啊？"

高中、大学时，很多人问我："你追星吗？"我只有勉强地告诉他，我不追星。真实情况是，上初中之前，我根本就不知道明星是什么概念。

曾经我看到过这样一段话：孩子，我要求你读书用功，不是因为我要你跟别人比成绩，而是因为，我希望你将来会拥有选择的权利，选择有意义、有时间的工作，而不是被迫谋生。

你看，这其实是一个母亲用几十年人生经验给自己孩子做出的总结，值得我们每个人深思。

我们再换一种方式来理解：一个拥有硕士学位的人，如果他愿意，他完全可

以去从事简单的体力劳动，但他高兴，他也可以在写字楼里从事脑力劳动。而一个没有文化的体力劳动者就只能做简单的体力劳动。

认知升级或许就是：善于借助别人的力量来壮大自己，善于借助别人的智慧来成就自己，而读书就是最好的一种方式。

2. 你学得了别人的勤奋，但学不了别人的动机，请不要再"东施效颦"了

对于大部分人来说，高考就是改变命运的捷径。因为考试，可以给你明确的努力范围及方向，甚至结果。而这个机会又恰好出现在你最有时间和精力的年龄段。

几年前，我也站在高考复习一线。高二的分班考试，我获得了初高中以来唯一一次优秀学生。我当时选择了文科且学习美术，集训耽误了近一年的课本知识学习时间，脑海中心文化知识早已模糊了。

距离高考还有5个月左右时，我开始挑灯夜读，每晚学习到凌晨一两点，早晨6点多起床开始背单词、背课文、做习题等。

高考成绩下来，我的成绩并没有提高，反而退步了。这到底是为什么呢？

你学得了别人的勤奋，但学不了别人的动机。当我学习了记忆方法后，深层次理解了思维模型，多问自己几个为什么，我的学习状态、学习质量至少能在原有的基础上提升三五倍。比如，我学习到底是为了什么？我的偶像老师是什么大学毕业的？我与我们班的第一名用同样的时间与方法，为什么他的成绩提高得这么快？我按照老师给的解题思路来做的，为什么还是出错？为什么他的作文这样写会得满分？

当你要开始行动，改变目前的学习状态时，你可以先问自己为什么，如此你的成功率也将会在原有的基础之上提升三五倍。

3. 老师，我上小学五年级，目标是清华大学

当你内心知道自己想要什么之后，就需要给自己一个时间期限，制定好学习目标，并确定为了这个目标，你应该做怎样的行动。

2019年任课时，有一个五年级的小女孩告诉我，她的目标是考上清华大学，但学习成绩在班级里偏中游位置，并非常反感学习英语，主要是记不住单词。

我告诉她:"嘿,宝贝,首先为你定下的目标点赞,为什么呢?我在你这个年龄根本就不知道什么是目标,一直是被爸爸妈妈强迫着学习。咱们距离上大学还有7年,这个时间说长不长,说短也不短。但我们定了目标就应该静下心,思考为什么要定这个目标呢?定了这个目标以后,我应该怎么来实现自己的目标?"

当时我就给她两条途径参考:

第一,通过各种渠道,了解清华大学每年在太原各所高中的录取率。再看这所高中,是哪位老师所带的班级的升学率最高;紧接着了解一下,如何去到这所高中的这个班级。先进入一所好的初中,将其作为一个"踏板"来实现清华梦。

在我们的学习成绩还不是太好的情况下,应该怎么办呢?当然是需要提升学习能力,来提高我们的学习成绩。

第二,用我们的兴趣优势来作为目标方向。在如今信息化的时代,想要获取什么信息,上网就可以得到。比如,咱们可以通过网络途径,找到清华大学的老师或者学姐、学长向他们请教,你现在所遇到的问题或许都是他们以前遇到过的,这都是你学习的捷径。

早在2000多年前,荀子就曾在《劝学》中讲过:"假舆马者,非利足也,而致千里;假舟楫者,非能水也,而绝江河。君子生非异也,善假于物也。"

大概的意思就是说:"借助车马的人,并不是脚走得快,却可以行千里,借助舟船的人,并不是能游水,却可以横渡江河。君子的本性跟一般人没什么不同,只是君子善于借助外物罢了。"而在学习的过程中,我们也一定要借助外力来完成自己的目标。

4. 我一定要考上世界记忆大师

几年前,我参加一个智慧心灵课程论坛,半年时间内写了几万字。如今,看着其中部分内容,我难免觉得好笑,原来以前的我这么"傻"。但我想要跟你分享的重点是,在这些帖子中,我看到了曾经的自己,在面对身体与精神上的重重苦难与诱惑时,那种不服输、不放弃的状态。

2015年10月,我开始训练记数字与扑克牌,勉强可以达到5分钟记住100个数字,6分钟记忆一副扑克牌。当我听说第24届世界记忆锦标赛世界赛在成都举办时,我就"走火入魔"了,经常性地梦见自己拿到记忆大师称号,登上《最强大脑》的

第九章
掌握这3点，你的成绩会更好

舞台。比赛前的几天，我与导员多次沟通，想要去到现场观摩锦标赛。

12月17日，我到了现场。我的天！原来这些人与我并没有太多的区别，他们也没有"三头六臂"，但是他们的记忆力为什么这么好呢？明年我还要来，以选手身份参加世界记忆锦标赛，拿到记忆大师称号，我心里这么想。

回到学校，我写了一篇申请给导员，晚自习让我在图书馆训练。后来为了参加一个记忆培训课程，我从老家遂宁连转3次火车，历经40多个小时，抵达训练基地；为了让自己的成绩提升得更快，我在5平米的夹层住了3个月，在近40℃的高温里，每天训练12小时以上。

很多时候，并不是我们做不到，而是缺少一个学习圈子和好的学习环境，有了这些东西之后，就能快速地搭建一个学习框架。在大学里，我也定了好几个小目标，画画、英语、记忆法、滑板等，其中画画与记忆训练是我最喜欢的，但最后只有记忆训练坚持到了现在。

这是为什么呢？我做了一个对比，当时我加入了3个美术交流群，而记忆法交流群有近20个；我对美术体系概念模糊，而对于《最强大脑》中的人物经历都了解得比较透彻。

其实你的目标不能太多，你的专注力决定了你的成就。一生很短，你一定要学会在不同阶段，找到相对应的老师或者榜样人物，为你助力。送给你一句话，请不要用战术上的勤奋掩盖战略上的懒惰。

多说一点：很多时候有的理论运用在个人身上有"排斥"状态，这个时候就需要你多去反思总结，与同学、老师等相互交流，找到适应自己的方法。当你掌握了这一套方法，再把这种能力迁移到学习上，你的成绩会呈指数型增长。

请你思考一下：你在以前的学习过程中遇到过哪些困难？遇到这些困难以后，你都是怎么解决的？现在也请你写下你近期需要完成的3个目标，以及准备怎么来实现它？然后分享在"豪杰之李"公众号上，与大家一起学习交流。

第二节　费曼学习法：以教为学是最好的学习

在我上小学的时候，老师给学生分享过一个故事："一个农民让自己的孩子每天去学校上课，回来教学过的内容，这样可以一份学费学两次。就这么一个单纯的想法，让他的孩子学习成绩一直很优异，最终考上了清华。"当时也真就当听故事了，并没有深思，后来才知道，这竟然是传说中的费曼学习法。

1. 什么是费曼学习法

在我们身边可以发现很多这样的同学，学习极为努力，但成绩依然平平。问题到底出在什么地方呢？其实这是学习方法不高效导致的，今天给各位同学分享一种极为高效的学习方法，名字叫费曼学习法。这种方法到底有多神奇？

加拿大人斯科特·扬使用这种方法，只用一年时间就自学完成了MIT公开课上的33门课程，并最终通过了所有考试！这是什么概念呢？正常情况下，学完这些课需要4年的时间。

那这个方法到底是怎么样的呢？一共是分为4步，在后文我给你配了一张图，方便你来理解（图9-1）。

（1）选择一个你想要理解的概念

拿出一张白纸，把这个概念写在白纸的最上边。

（2）设想一种场景，向别人教授这个概念

在白纸上写下你对这个概念的解释，就好像你是一名老师，正在给一名8岁的小朋友讲解知识点。当你这样做的时候，你会更清楚地意识到关于这个概念你理解了多少，以及是否还存在理解不清的地方。

（3）当你感觉卡壳了，就回顾一下学习资料

当你在设想的场景中感觉卡壳了，就回到原始的学习资料上重新学习让你感到卡壳的那部分，直到你领会得足够顺畅，顺畅到可以在纸上解释这个部分为止。

（4）为了让你的讲解通俗易懂，简化语言表达

最终的目的是用你自己的语言，而不是学习资料中的语言来解释概念。如果你的解释很冗长或者令人迷惑，那就说明你对概念的理解可能并没有你自己想象得那

么顺畅，你要努力简化语言表达，借用一些表达上的技巧，或者与已有的知识建立一种类比关系，以便更好地理解它。

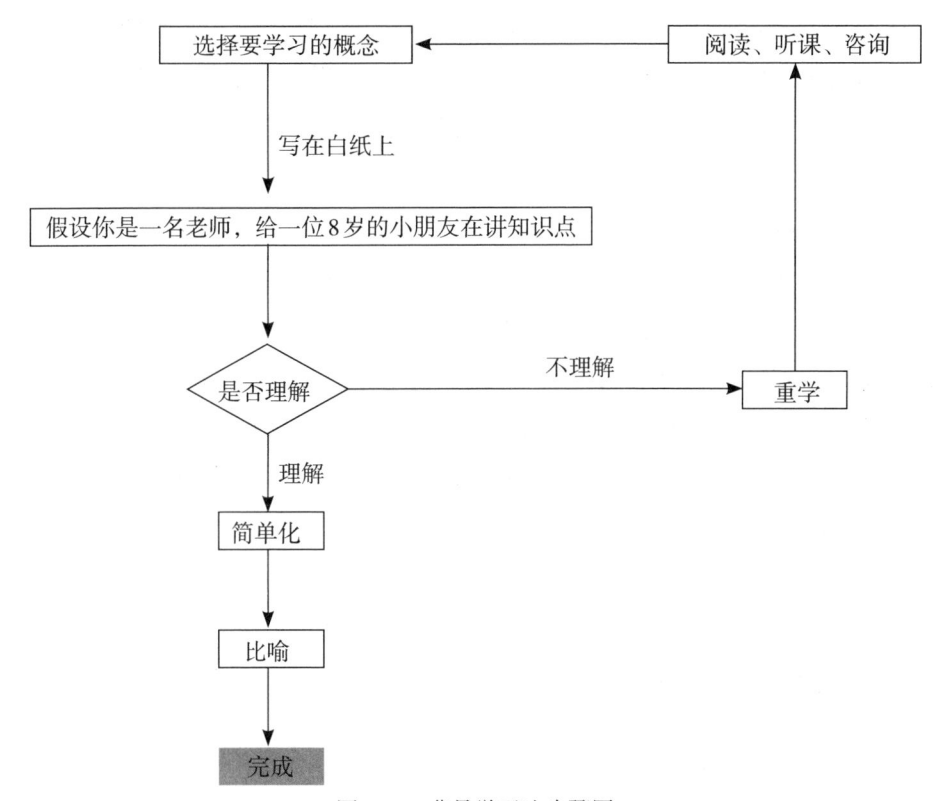

图9-1 费曼学习法步骤图

科学研究表明，人脑重视输出的程度是远高于输入的。因此，费曼学习法就是通过这4个步骤让学习者更加理解学习内容。后面我把这种学习方法总结归纳为四个字："以教为学"。想要更高效地获取知识，你可以通过教授别人的方式来学习。

2.我们应该怎样利用费曼学习法来学习

如果你的成绩在你们的班级、学校还不错，那么我建议你，把学到的知识讲给那些没有听懂的同学听，这样不仅能够及时复习刚学习到的内容，还能清楚地知道哪些内容是在课上没有听懂的，为了讲得明白，你必须强迫自己去弄懂那些似是而非的问题。从这些问题之中，你可能会受到新的启发。

我有一个学生，他们的老师就利用了这个技巧来帮助学生学习。这个学生的成绩在班级里名列前茅，他们的班主任在新学期，就交给他一个任务，帮助班级的倒数第二进行学习。后来，通过学生、老师、家长的努力，那位倒数第二的学生，由以前的成绩C，变为了成绩A-，而我的那位学生，内心的成就感是无与伦比的。

使用这种方法学习最大的优势就在于，当你想着教会别人时，就会给自己造成一定的心理压力，使自己产生学习和记忆知识的迫切感，从而对自己的学习记忆起促进作用。

从某种程度上讲，这是一种再创造，而自己创造出的东西是不易忘记的。

当然你也可以找一个和你志同道合的学习伙伴，最好在学习上是同进度、同水平的，然后定期约时间进行知识的交流。你也可以帮助身边有问题的同学解决问题，这样能很好地促进记忆和学习，不仅助人为乐，而且深化了自己的记忆。

各位同学还记得第四章第五节的内容吗？讲的是什么？如果记不清楚了，可以翻到前面的章节去复习一下。在我培训老师，教他们用身体记忆宫殿记忆《满江红》时，就利用了"以教为学"的方式，把一首我原本不大熟悉的词，教给老师们，不仅让我能理解记忆，也能够让那些老师做到正背、倒背。

哈佛大学做了一项实验研究，不同的学习方式，学习的效率是完全不同的，这就是著名的"学习金字塔模型"（图9-2）。

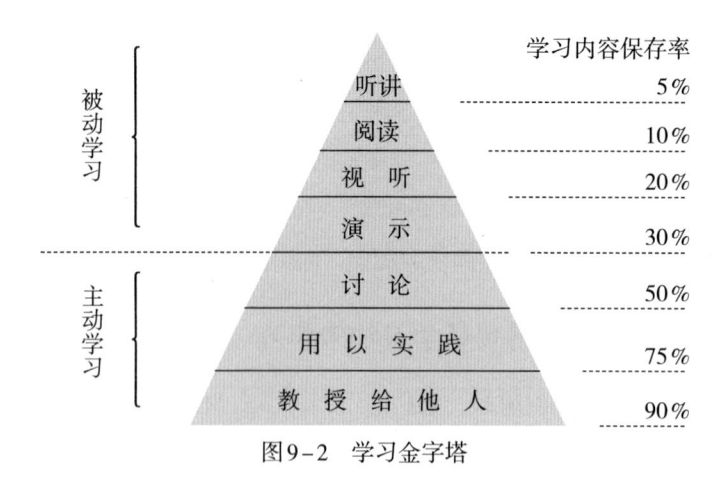

学习方式		学习内容保存率
被动学习	听讲	5%
	阅读	10%
	视听	20%
	演示	30%
主动学习	讨论	50%
	用以实践	75%
	教授给他人	90%

图9-2 学习金字塔

大家可以看到，在金字塔的越顶端，学习的效率也就越低。如果你想要学习效率最大化，那最好的方式就是主动学习，参与小组讨论、用以实践或者将知识教授给他人。因为被动学习的效率是远低于主动学习的。

第九章
掌握这3点，你的成绩会更好

如今，许多学校里都有这样的学习模式：把课桌拼接起来，形成一个环形，几位同学组成小组交流讨论学习。可这样安排的结果往往是在1个月后，老师在台上讲课，学生在小组内讨论下课怎么玩，中午吃什么。

难道这个由哈佛大学研究出来的学习金字塔并无借鉴之处？其实并不是，在我以前训练记忆法的过程中，我会认为，小组讨论学习的作用是远大于老师上课讲解带来的影响的。

在集训营中，每周一晚上，记忆老师都会组织一个茶话会，把同学们分为几个小组，由成绩好的同学担任组长，带领大家解决这一周在训练中所遇到的问题。就这样，那一年我们28人一起参加世界记忆锦标赛（世界赛），有26人获得了世界记忆大师的称号。

后来，我把这种方法运用在我的教学中，让同学们分组讨论，并给予一些精神或物质的奖励，大家的学习热情是远高于自己学习的。

这里面有一个核心就是，组织者需根据性格、成绩、男女比例、偏好、兴趣等因素匹配小组成员，然后找到一个综合能力较强的组长，让每一组的成员都觉得本组是最棒的。

在一个班级中，必定是有些人学得快，有些人学得慢（图9-3），那么老师应该如何安排学习任务呢？折中安排。布置一部分同学可以完成，另外一部分同学比较难完成的任务。

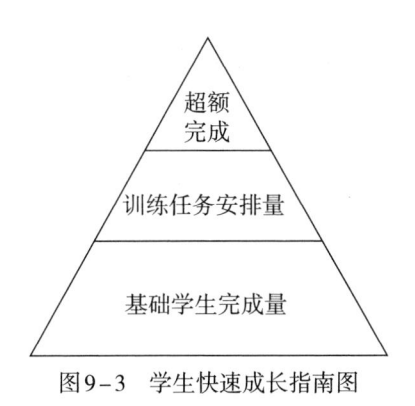

图9-3 学生快速成长指南图

这时候就需要同学们多一个思考，自己属于哪部分？可以完成任务的那一部分同学，一定要跳出老师的训练任务范围，每次多训练1.25倍，或者1.5倍，进入超额完成圈，这样你们的训练成绩就会得到快速的提升；对于基础比较薄弱的同学，就需要想办法通过努力，每次能完成老师的训练任务安排量。

利用这个学习模型，我曾带8名学生参加首届亚太学生记忆锦标赛（成都赛），有4人获奖，6人晋级中国赛，其中一名同学获得了小学组总冠军，全场总季军。

所以你看，这个思维模型其实也可以运用在学校学习过程中。学校老师也会布置家庭作业、每周的学习任务，如果你常带着超额完成的心态去学习，去完成，你将超越你身边的同学，而你的成绩也会急速增长。

如果你是一位职场人士，目前还处于基层员工位置，那如何更快地从你的同事或者行业之中脱颖而出呢？

比如，此刻你接收到了一条销售（教研）任务指令，你如何更快、更高效地去完成这项任务呢？这里提供一种思考方式，你是怎么接收到这条指令的呢？是你的上级领导直接传达给你的吗？他为什么要给你安排任务计划呢？是因为公司总裁为了完成企业战略规划。

此时你可以怎么思考？第一层，站在基础员工的角度去思考；第二层，站在中层管理者的角度去思考；第三层，换位思考想象总裁想要的到底是什么？

如果你有更多的思考，欢迎你在"豪杰之李"公众号进行留言，让我们一起学习成长。

第三节　大脑保健：记忆质量的关键点

记忆力不好，记忆力减退，是让人感觉很糟心的事情。于是乎，很多人想尽办法，比如，加强大脑训练，经常写写算算，做益智游戏等。在前面的篇章中，我们知道面对复杂的材料应该怎么去记忆，面对学习的困难又应该用什么样的心态去平衡，其实我们还忽略了一个至关重要的因素，那就是大脑所需要的营养。这就好比，一个人特别喜欢健身，懂得了各种健身方法，但是他酗酒、抽烟、通宵熬夜打游戏，他能有一个好的身材吗？

1. 大脑所需要的食物营养

科学研究显示，人体中所有已知的蛋白质都是由22种氨基酸组成的；其中的13种可以在人的体内生成，因此被称为"非必需氨基酸"，另外的9种则需要从食物中获取。

那么，吃什么食物对记忆力好呢？营养学家介绍，人的大脑偏爱以下这5类食物，常吃提高记忆力，益智健脑。

现在，就一起来看看吧。

（1）鱼类

要想提高记忆力，应该多吃一些鱼类，因为它们富含DHA，而DHA能够帮助增强大脑智力、记忆力以及专注力，这无论是对正在生长发育的孩子，还是对成年人来说，都是非常有益的。

（2）坚果类

坚果类的食物同样富含不饱和脂肪酸，常见的坚果有花生、核桃、芝麻、松子等，在平时吃些坚果，对身体健康有好处，对大脑健康也很有好处。

（3）高蛋白质食物

蛋白质是控制大脑细胞兴奋以及抑制过程的重要物质，对神经传导、记忆、语言以及思考等功能都有影响。所以大家一定要多吃一些富含蛋白质的食物，比如豆制品、奶制品、蛋类、瘦肉等，对提高记忆力有很多好处。

（4）富含胆碱的食物

研究发现，人脑中所含的乙酰胆碱有很多，当人的记忆力减退时，这些乙酰胆碱的含量就会显著减少。常吃富含胆碱的食物，比如，香蕉、杏、葡萄、橙子、全麦制品、乳酪、豆制品、鸡蛋黄、动物肝脏等，能促进乙酰胆碱的合成，对记忆力的提高有很大帮助。

（5）富含类黄酮的食物

类黄酮是一种强抗氧化剂，有助于清除人体内的自由基，不仅可以延缓大脑及身体的衰老，还能提高人的认知能力，促进大脑细胞的正常运转，从而提高记忆力。其实，生活中富含类黄酮化合物的食物也不少见，比如蓝莓、绿茶、葡萄酒、豆制品、谷物等。

2. 记忆的2种天敌，你不得不防

很多人说记忆的天敌是遗忘。确实，学过的东西如果没有得到再次运用，就会从记忆中逐渐消退甚至永久消失。而这无疑造成了人们对"遗忘"的恐惧和焦虑。

但是，遗忘真的就是记忆的天敌吗？也许恰恰相反，遗忘有时候还是记忆的"好帮手"呢。遗忘不仅可以承担"垃圾邮件过滤器"的功能，减少大脑不必要的负荷，还可以在不同的环境中，帮助你的大脑进行"肌肉锻炼"。

那记忆的2种天敌，又到底是什么呢？

（1）压力

可以说，生活、学习中的压力如影随形、无处不在，我们很难躲避压力带来的影响。

在有压力的时候，如果你可以很快地做出适当的反应，这样的压力就是积极的压力。短期压力在某种情况下会产生积极的影响，它会使我们更有效地利用时间，比如，必须在一个小时里背完一篇稿子，那么在这一个小时里，就会给自己施加压力，保证背完稿子。

如果压力使人的新陈代谢减慢，身体抵抗力会随之下降，这种现象如果反复出现的话，那么压力对人是有害的，也就是所谓的负面压力。长期压力产生的影响就很消极，这些都可能会严重损害我们的大脑，影响我们的学习和记忆能力。

面对压力时，要采取正确的做法。尽量避免产生一些不正确的缓减压力的方法，比如，酗酒、吸烟、暴饮暴食、不参加活动、睡得太多、回避问题等。这些方法不仅不正确，而且长期这样会带来很多危害。

正确的做法是要识别真正的压力源。思考一下是什么导致了压力。

- 是自己的生活方式？
- 是自己所处的环境？
- 是自己要做的事情太多了？
- 是无法有效地管理自己的时间？
- 是白天没有办法释放紧张的情绪？
- 是对自己没信心？

下面是一些正确的疏导压力的方法。

- 为自己制订一个生活计划，适当地调整自己的生活方式。每天做一些能够给自己带来快乐或是比较享受的事情。
- 控制环境。如果交通堵塞的状况让你焦虑，就试着绕道走不会堵车的线路。
- 要学会说"不"，了解你的职责范围。在学习和生活中，要学会婉拒超出自己责任和能力的事情。
- 一定要保持自信。相信自己能做好现在的事，相信自己能行，不断鼓励自己。

（2）环境

有研究表明，人们在进行记忆活动时，周边环境的好与坏，会对记忆效果产生一定程度的影响。如果周边是个良好适宜的环境，人们的记忆就很可能会得到加强；如果周边环境非常糟糕，人们的记忆就会减弱，甚至可能完全无法进行正常的记忆活动。

2016年，我参加一个记忆培训班学习，当时一起训练的同学有近20位，可成人仅有5位，剩余的都是小学生。在训练的过程中，小孩比较喜欢玩耍，而成年人想要更安静的环境进行训练，因此老师就把成人与小孩分开学习，后来大家的成绩都非常不错。

因此，我建议你在学习时找寻一个有利的学习环境，以满足学习需要。什么是有利的环境呢？一个有助于记忆的环境，主要包含两个方面：一方面是这个环境要让人感觉到舒服、舒适；另一方面，这应该是一个不被外界干扰的环境。

在现实生活中，每个人都喜欢待在舒服、舒适的环境中。比如，冬天到了，家里面布置得非常温馨，在你学习的时候，打开了各种取暖设施，你整个人的状态都是暖洋洋的。

一般来说，我们在集中精力做一件事情的时候，如果突然间被某些意外因素所打扰，那么这件事情就不能再进行下去了。比如，你在家里学习，3岁的弟弟经常来干扰你。遇到这种情况，你就可以去图书馆等安静的地方。

3. 睡得好，才能记得好

良好的睡眠是保持健康的关键，每个人对睡眠的需求不同，成人平均每天需要7.5小时的睡眠，而学生每天需要8~9个小时的睡眠，才能保证第二天在学习中能有好的状态。

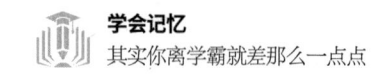

我们应该如何保证良好的睡眠呢？

第一，遵守睡眠时间和规律。每天按时睡觉，按时起床，保证睡眠的时间。长期形成的睡眠规律，不要随意改变。至于睡眠的时长因人而异，每个人都知道自己睡几个小时会达到最佳的睡眠程度。

第二，要建立起良好的睡眠模式，抵制诱惑，避免影响正常的睡眠。比如，上网玩游戏、看电视连续剧、酗酒等。午休也非常重要，我们常说"中午不睡，下午崩溃"，其实就是指经过一上午紧张的学习，大脑需要消除疲劳，以便满足下午的学习。值得注意的是，午睡时间不要太长，避免影响夜间的睡眠，一般中午睡10~15分钟就可以恢复大脑兴奋。

同时，我们要尽量避免在晚上喝酒和含有咖啡因的饮料。要注意睡前饮食。晚餐不要吃得过饱、过腻，也不要吸烟。这些东西会刺激大脑，让大脑处于兴奋状态，不利于睡眠。但也不能饿着肚子睡觉，这样也会睡不着。如果半个小时之内还没有睡着，就起来做些事情，让自己放松下，等到感觉疲惫了再上床休息。

在我们睡觉的过程中，会做梦。这些梦，各不相同，比如，上一秒还在与同学嬉戏打闹，下一秒就去了肯德基、麦当劳，或者是游乐园。研究人员对"做梦与学习"进行了研究。他们发现，人在进入梦境以后，大脑皮层和这个人清醒时一样活跃，但是又完全不受外界的影响。布朗和巴尔金博士说，这是因为快速眼动期，主要视觉皮层不接收外界信息，大脑因此中断了与外界视觉信息流的联系。

然而，大脑控制情绪和存储长期记忆的部分则在梦境期处于高度活跃状态。大脑中称为海马体的区域可以为长期存储信息而加工记忆。梦境期，这一区域被激活。过去已有的记忆似乎在睡眠期间得以回放并巩固。

简单来说，在我们熟睡以后，大脑会以各种形式整合信息，检查信息的一致性，并整理过去的记忆。因此，如果不睡觉，就相当于不给大脑整理并选择信息的机会。

在江苏卫视《最强大脑》的节目上，有一位选手曾分享，自己利用梦境来学习，我想他也是利用了这种机制吧！

因此，要想让知识记得更牢固，就必须重视睡眠。

在一天之中，中午学习效果最差，晚上和早上较好。当你睡在床上，在大脑里把今天所学习的内容像放电影一样，从头到尾过一遍；醒了之后可以去翻阅一下晚

第九章
掌握这3点，你的成绩会更好

上复习所漏掉的知识点，在你的大脑中再次地巩固记忆，或者把自己觉得最困难的古诗文、单词等拿出来背诵。这种复习法被称为"睡前醒后复习法"。

请你思考一下：除了以上讲解的方式，还有其他的大脑保健方法吗？请你至少写出3种答案，并说出理由，然后在"豪杰之李"公众号进行留言，让我们一起学习成长。

本章总结

本章主要是从作者本身的经历与教学的底层逻辑出发，让各位同学掌握终局思维、费曼学习法的核心方法论，以及大脑保健方法。

各位同学一定要明白，在这个社会，读书虽然不是唯一的出路，但它是最好的选择。如果你想要改变自己，那就多问自己几个为什么，不要"东施效颦"。找到自己学习道路上的榜样或导师，你的进步速度会更快。

费曼学习法是众多大咖都在推鉴的方法，一共分为4个步骤，核心观念就是以教代学，在教中学。如果你不能用自己理解的语言将知识教给别人，那么就得再重新学习。作者本人也在教学中利用此种方法，并结合"快速成长指南"，因材施教，让不同基础的学生都有所进步。

最后一小节的内容主要从保健大脑的角度出发，告诉大家磨刀不误砍柴工的几个注意事项：吃得好、调节压力、寻找适合学习的环境保证睡眠。

作者答疑：强迫记忆，将会适得其反

因为亲戚家里的哥哥和姐姐都考上了重点大学，小黄妈妈觉得自己家的孩子也不能落后，于是在平日里总是会叮嘱小黄要好好学习，努力学习。

快要期末考试时，妈妈对小黄的态度更加严厉了，每天晚上吃完饭，她就开始督促小黄复习，把该记住的东西一个不落地记下来。

有一天，老师布置了很多作业。吃完饭，小黄妈妈就催促小黄："你把今天学的那些单词全部记下来了吗？一会儿我要检查。"小黄觉得任务很重，就随口说："如果背不下来怎么办啊？"妈妈不客气地说："如果背不下来的话，今天晚上别想睡觉啦！"

听到妈妈这样说，小黄急忙拿出课本看了起来，可是他越着急，越是什么也记不住，最后竟然累得睡着了。

作者答疑：

在现实生活中，有一些家长对孩子期望特别高，为了让孩子成绩好，他们会强迫孩子去学习和记忆，可结果却往适得其。为什么会出现这种情况呢？这是因为过度的压力不仅不能帮助孩子记忆，反而会给孩子造成强烈的心理刺激，让他们时刻处于疲累之中。孩子对记忆产生厌烦，对学习失去兴趣，这对家长和孩子来说都将是得不偿失的。因此在学习的过程中，尽量不要逼迫孩子去记忆。

实践证明，在轻松的情况下让孩子去记忆，可以很大程度地激发孩子的记忆潜能。当然，也需要制定适当的目标。如果记忆目标过于遥远或庞大，容易让孩子产生心理负担。我们还要学会用表扬和鼓励激励孩子进行记忆，这样能增强孩子记忆的自信心，让孩子在愉快中发挥自己的记忆潜能。

参考文献

[1]陈玢.超级记忆术:横扫全球的记忆法大全(彩图版)[M].北京:北京联合出版公司,2016.

[2]陈陆淼.摆脱死记硬背:清华学长总结的高效记忆方法[M].北京:清华大学出版社,2017.

[3]袁敏琴.超级记忆魔法训练:快速提升你的记忆潜能[M].北京:中国纺织出版社,2012.

[4]袁文魁.记忆魔法师:学习考试实用记忆宝典(全新增订版)[M].北京:北京联合出版公司,2018.

[5]肯尼思·希格比.如何高效记忆[M]. 2版. 余彬晶,译.北京:机械工业出版社,2021.

[6]东尼·博赞.思维导图完整训练手册:零基础快速掌握思维导图[M]. 郭胜阳,译.北京:中信出版社,2018.